DR. MICHAEL ZANGER | KERSTIN KABUS

HUFEN — HELFEN

Häufige Hufprobleme erkennen & Lösungen finden

KOSMOS

INHALT

Hilfe für die Hufe deines Pferdes

Der nächste Bearbeitungstermin steht erst in einigen Wochen an? Du brauchst aber jetzt schnell einen Tipp, um den Hufen deines Pferdes zu helfen? Von nun an ist dieses Buch ein wichtiger Begleiter für dich und dein Pferd.

Der Bedarf nach Selbsthilfe steigt! Vielleicht kennst du diese Situation: Du bist Pferdebesitzer und die Hufe deines Pferdes zeigen eine ungünstige Entwicklung oder ein akutes Problem. Gleichzeitig ist es für dich immer schwieriger, einen Hufbearbeiter oder einen Hufschmied zu finden.
An dieser Stelle möchten wir dich mit diesem Buch unterstützen. Es erklärt dir zunächst die grundlegenden Begriffe rund um den Huf. Danach findest du häufige Hufsituationen, die bei deinem Pferd auftreten können. Du lernst, diese Situationen zu lesen und wie du deinem Pferd schnell und effektiv helfen kannst.
Viele Pferde zeigen aber auch bedenkliche Hufsituationen, die ungünstige Auswirkungen auf die Fitness und Gesundheit deines Pferdes haben können. Häufig entstehen solche Situationen durch ein Zusammenspiel mehrerer Faktoren. Daher erläutern wir dir auch den Einfluss von Haltung, Fütterung oder Training auf die Hufgesundheit. Du erkennst, wie du ein optimales Umfeld für dein Pferd gestalten kannst. So kannst du schlechten Entwicklungen vorbeugen oder ungünstige Hufsituationen positiv verändern.
Das Thema Hufrehe ist ein wichtiges Kapitel in diesem Buch. Du lernst, wie du diese häufig auftretende Erkrankung frühzeitig erkennst. Unser Buch gibt dir einen Leitfaden an die Hand, mit dem du das Erkrankungsrisiko für dein Pferd besser einschätzen kannst. Du findest Strategien, die helfen, Hufrehe vorzubeugen. Sollte dein Pferd daran erkrankt sein, haben wir Tipps und Videos,

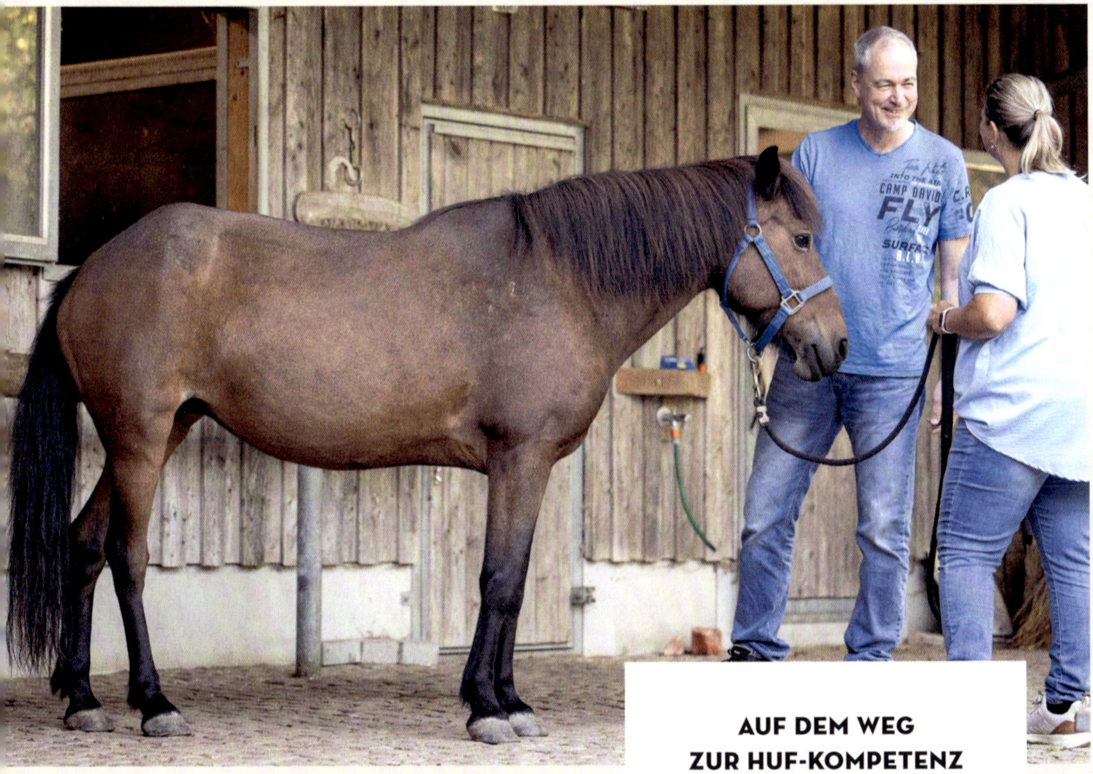

Wie erkenne ich, ob die Hufe meines Pferdes gesund sind? Huf-Kompetenz wird für Pferdebesitzer immer wichtiger.

die dir zeigen, wie du deinem Pferd unterstützend helfen kannst.
Dieses Buch ist ein Ratgeber für alle Pferdebesitzer. Es hält viele praktische Tipps für dich bereit. Es zeigt dir, wie du dein Pferd zwischen den Bearbeitungsterminen unterstützt und es signalisiert dir, wann du professionelle Hilfe benötigst.
Wir schlagen mit „Hufen helfen" aber auch ein neues Kapitel in der Hufbeurteilung auf. Hufe verraten dir auch, ob dein Pferd mental stabil ist. Hufe können dir Hinweise auf Stress bei deinem Pferd geben. Wir zeigen dir, wie du all das erkennen kannst.
Darauf aufbauend beschreiben wir die Richtung, in die sich die moderne Hufbearbeitung entwickeln wird.

AUF DEM WEG ZUR HUF-KOMPETENZ

Level 1:
Grundlagenwissen: Die äußeren und inneren Hufstrukturen

Level 2:
Deine Ausrüstung

Level 3:
Allgemeine Hufprobleme

Level 4:
Hufprobleme durch Stoffwechselstörungen und Haltung

Level 5:
Besonders problematische Hufsituationen

Level 6:
Checkliste für besonders problematische Hufsituationen

Level 7:
Das neue Hufverständnis

DEIN WEG ZUM HUFE-HELFER

WISSEN RUND UM DEN HUF

Die Hornkapsel schützt das Ende der Gliedmaße.

LEVEL 1

Grundlagenwissen: Die äußeren und inneren Hufstrukturen

Bevor wir starten und dich zu einem Experten für dein Pferd machen, klären wir für dich noch ein paar Begriffe rund um den Huf. Damit bist du bestens vorbereitet, um die einzelnen Level erfolgreich zu durchlaufen.

ÄUSSERE HUFSTRUKTUREN

Huf

Der Huf befindet sich am Ende der Gliedmaße. Er bildet dort die Hufkapsel, die auch als Hornkapsel bezeichnet wird. Diese schützt die unteren Strukturen von Vor- und Hinterhand. Bei Be- und Entlastung kann sich die Hufkapsel elastisch verformen und wirkt auch als Stoßdämpfer für das Pferd.

Hufkapsel

Die Hufkapsel besteht aus Weichhorn und Harthorn. Zum Harthorn gehören die äußere Hufwand und die Hufsohle. Zum Weichhorn gehören das Saumhorn, die Weiße Linie und der Hufstrahl. Weichhorn hat einen höheren Wassergehalt als Harthorn und ist dadurch flexibler.

Abwechselnde Untergründe sind wichtig für einen gesunden Huf.

Zehen- und Trachtenwand

Den vorderen Bereich der Hufkapsel bezeichnet man als Zehenwand. Es gibt eine innere und eine äußere Zehenwand. Daran schließen sich jeweils die innere und äußere Seitenwand sowie die innere und äußere Trachtenwand an. Richtung Fell wird die Hufkapsel durch den Kronrand begrenzt und Richtung Boden bildet sie den Tragrand.

Kronrand

Der Kronrand ist der Übergangsbereich von der Hufkapsel in das Fell. Hier wird das neue Hufhorn gebildet und nach unten geschoben. Das Hufwachstum beträgt ca. 5 – 10 mm pro Monat.

Hufwand

Die Hufwand besteht aus Harthorn und bildet zwei Bereiche. Der äußere Bereich ist bei vielen Hufen dunkler und stärker pigmentiert. Dieser pigmentierte Bereich schützt das Hufinnere vor Stößen, Erschütterungen und thermischen Einflüssen von außen. Der innere Bereich der Hufwand ist weniger pigmentiert und erscheint bei vielen Hufen als weißer oder heller Bereich.

1: Kronrand
2: Zehenwand
3: Seitenwand
4: Trachtenwand

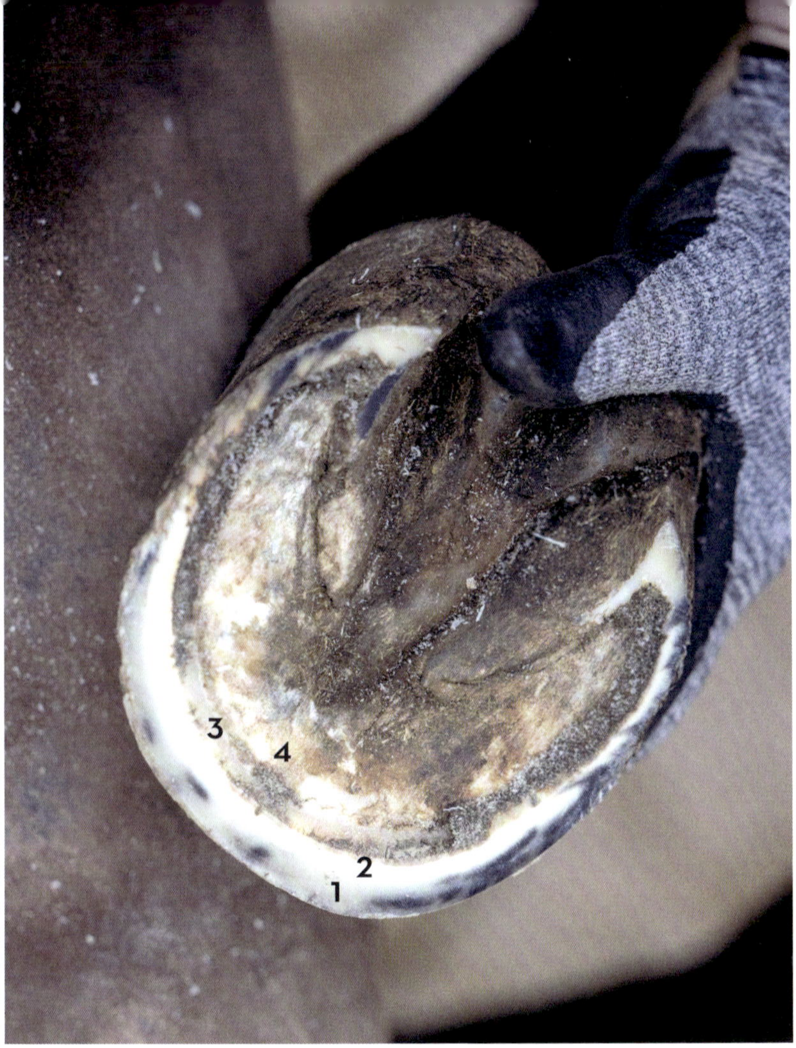

1: pigmentierter Tragrandbereich
2: unpigmentierter Tragrandbereich
3: Weiße Linie
4: Sohle

Tragrand

Das ist der untere Abschnitt der Hufkapsel, der den Boden berührt.

MERKE

Verwechsle den helleren Bereich des Tragrandes nicht mit der Weißen Linie!

Weiße Linie

Die Weiße Linie liegt zwischen dem inneren, weniger pigmentierten Bereich des Tragrandes und der Hufsohle. Sie besteht aus Weichhorn und lässt sich gut an ihrer weißl-gelblichen Färbung erkennen.

Hufsohle

Die Hufsohle schützt den Huf von unten. Sie gliedert sich in den Zehenbereich und in die sich anschließenden inneren und äußeren Sohlenbereiche. Die Hufsohle ist mit dem Tragrand über die Weiße Linie verbunden. Die Hufsohle wächst ca. 4 – 5 mm im Monat.

1: Tragrand
2: Sohle
3: Eckstreben
4: Strahl

Hufstrahl

Der Hufstrahl ist eine keilartige Erhebung in der Hufsohle. Er besteht aus Weichhorn und besitzt eine mittlere und zwei seitliche Strahlfurchen. Er gibt dem hinteren Bereich Elastizität und verformt sich bei Be- und Entlastung.

Eckstreben

Am hinteren Ende des Hufes knickt die Hufwand in Richtung Hufmitte um. Sie verläuft anschließend parallel zu den seitlichen Strahlfurchen. Dieser Abschnitt der Hufwand wird als Eckstrebe bezeichnet. Eckstreben sind grundsätzlich wie die Hufwand aufgebaut. Auch sie wachsen von oben nach unten. Ihre Stärke und Stabilität ist jedoch geringer als die der Hufwand. Die Eckstreben dienen der Stabilisierung des hinteren Hufbereichs und spielen deshalb eine wichtige Rolle im Hufmechanismus.

Hufballen

Die Hufballen bilden den hinteren Bereich des Hufes und sind als halbrunde, weiche Struktur über der Hufkapsel gut ertastbar. Sie werden von Bindegewebe gebildet, sind mit den Hufknorpeln verbunden und unterstützen den Hufmechanismus, dabei sind sie stoßdämpfend.

INNERE HUFSTRUKTUREN

Huflederhaut

Die Lederhäute im Huf verfügen über ein gut ausgebildetes Blutgefäßsystem und sind mit Nerven durchzogen. Sie versorgen die Epidermis. In der Epidermis findet die Hornproduktion statt.

Hufbeinträger

Im Hufbeinträger verbinden sich Epidermis (Oberhaut) und Lederhaut durch ineinander gerichtete Auffaltungen. Es entsteht ein miteinander verwobener Verzahnungsbereich. Über den Hufbeinträger werden Druck-, Zug- und Belastungskräfte auf die Hufkapsel übertragen.

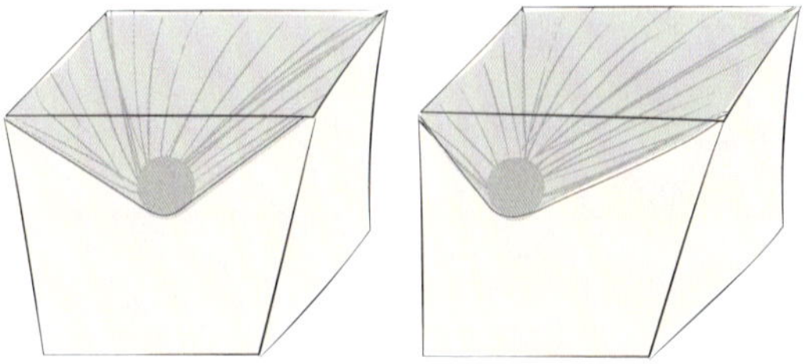

Der Hufbeinträger im Modell.
Links: ein Huf in Balance.
Rechts: Auf der linken Hufwand wird über den Hufbeinträger mehr Druck und Belastung übertragen. Diese Hufwand wird steiler. Die rechte Hufwand wird entlastet. Sie wird flacher.

1: Hufknorpel
2: Hufballen
3: seitliche Strahlfurchen

Skelett-, Knochen- und Hufstruktur

Das Skelett des Pferdes ist wichtig für die Stabilität des Pferdekörpers. Gelenke verbinden Knochen und sorgen für Beweglichkeit. Die Gliedmaßenstellung und Gliedmaßenführung haben direkten Einfluss auf die Hufform.

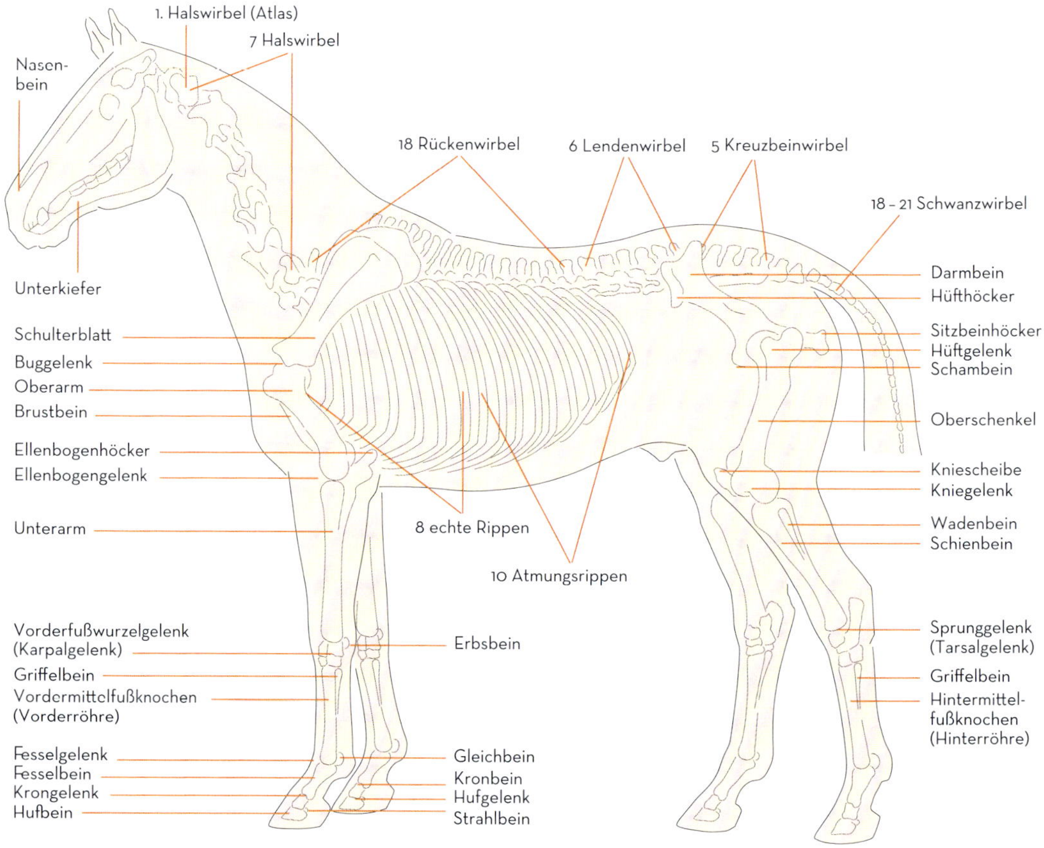

Das Pferdeskelett

1

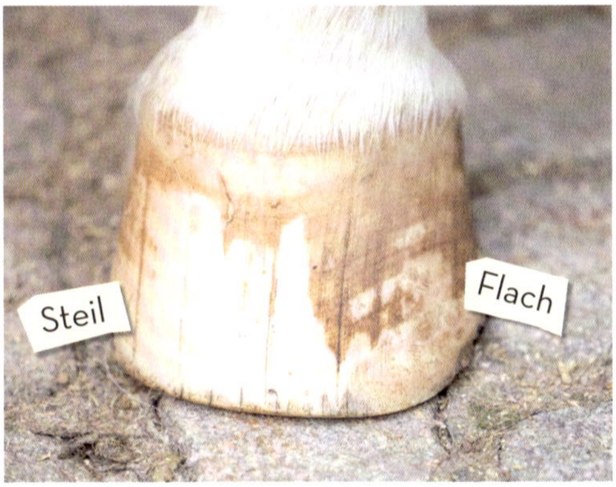

2

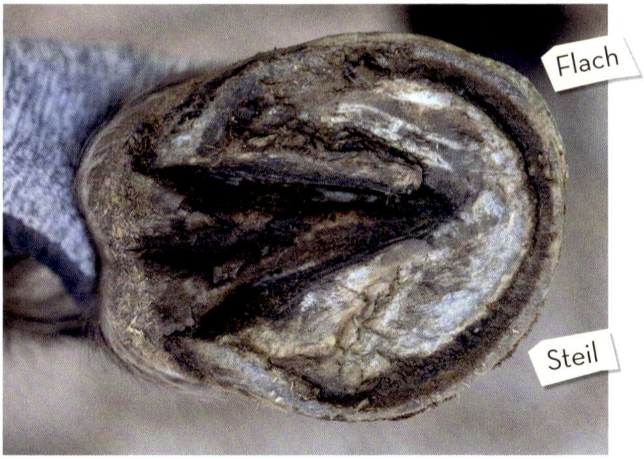

3

1 Die Zehenknochen:
1: Hufbein ohne Strahlbein
2: Kronbein
3: Fesselbein

2 Hufwände können unterschiedlich sein: Die im Foto linke Wand ist kürzer und steiler, die rechte Wand ist länger und flacher.

3 Tragrand im Zehenbereich: Verläuft der Tragrand runder und weiter, ist die Hufwand flacher. Verläuft er mehr gerade und enger, ist die Hufwand steiler.

MERKE

Ist eine Hufwand überlastet, wird sie sehr steil und kann sich auch unter den Huf schieben. In diesem Fall verläuft sie vom Kronrand kommend schräg nach innen in Richtung Hufmitte oder auch in Richtung Zehe.

Regelmäßiger Huf: Die Hufviertel sind relativ gleichmäßig ausgebildet.

Einseitig belasteter Huf: Der im Bild rechte Trachten- und Zehenbereich zeigt eine flachere Hufwand. Hier verläuft der Tragrand weiter und runder als auf der gegenüberliegenden Seite.

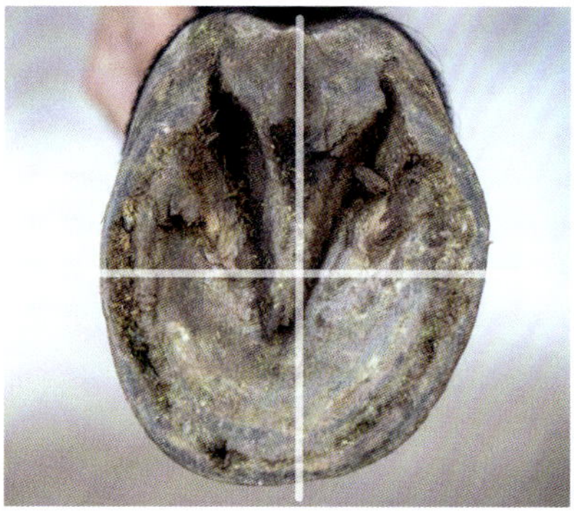

Diagonaler Huf: Trachten- und Zehenbereiche, die diagonal gegenüberliegen, zeigen entweder steile oder flache Hufwandbereiche.

KURZE EINFÜHRUNG INS HUFE LESEN

Nun kennst du die wichtigsten Strukturen am Huf. Nutze dieses Wissen, um den Huf besser zu verstehen.

Hufwand

Eine Hufwand kann steiler oder flacher sein. Es gilt:

– Je steiler eine Hufwand ist, desto mehr wird dieser Bereich belastet.

– Je flacher eine Hufwand ist, desto weniger wird dieser Bereich belastet.

Am einfachsten kannst du die Belastung der Hufwand durch den Verlauf des Tragrands erkennen. Es gilt:

– Eine flache Hufwand zeigt im Bereich des Tragrands einen größeren, runden Bogen.

– Eine steile Hufwand zeigt im Bereich des Tragrands einen eher geraden Verlauf.

Hufform

Die Hufform ergibt sich aus dem Verlauf des Tragrands. Es gibt drei verschiedene Hufformen bei Pferden, die als „regelmäßig", „einseitig belastet" oder „diagonal" bezeichnet werden.

Regelmäßiger Huf

Die gegenüberliegenden Hufhälften sehen sehr ähnlich aus.

Einseitig belasteter Huf

Eine Hufhälfte ist flacher ausgebildet.

Diagonaler Huf

Der Huf zeigt eine in sich verschobene Form.

GLIEDMASSENSTELLUNG UND HUFFORM

Die Gliedmaßenstellung hat einen großen Einfluss auf die Struktur und die Form des Hufes. Sie entscheidet darüber, wie das Pferd sein eigenes Gewicht trägt und wie es sich bewegt. Dabei ist es wichtig, wie breit die Schulter bzw. die Hüfte ist und wie lang die sich anschließende Gliedmaße ist. Es gilt:

– Ist die Schulter oder Hüfte eher breit und sind die Gliedmaßen eher kurz, dann stellt das Pferd die Gliedmaßen tendenziell v-förmig nach innen in Richtung zur Körpermitte.

– Ist die Schulter oder Hüfte eher schmal und sind die Gliedmaßen eher lang, dann stellt das Pferd die Gliedmaßen eher breiter nach außen.

Daraus ergeben sich für viele Pferderassen spezifische Gliedmaßenstellungen auf der Vorhand und der Hinterhand.

Günstige Gliedmaßenstellungen verteilen das Gewicht gleichmäßig auf Knochen, Gelenke, Sehnen, Bänder und Muskulatur. Ungünstige Gliedmaßenstellungen belasten bestimmte Bereiche stärker und ungleichmäßiger. Da die Gliedmaße das Gewicht des Pferdes auf den Huf überträgt, ergeben sich aus bestimmten Gliedmaßen-

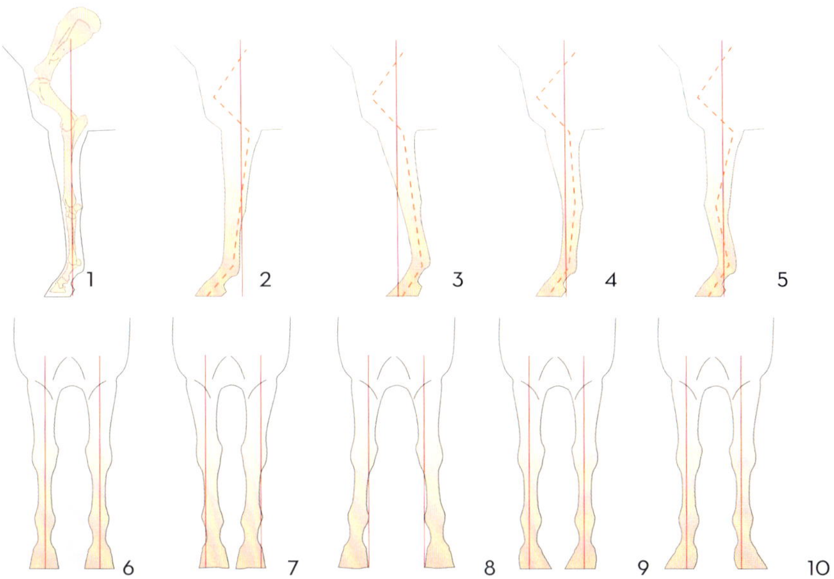

Die Gliedmaßenstellung von der Seite und von vorn gesehen:
1 regelmäßig
2 vorständig
3 rückständig
4 rückbiegig
5 vorbiegig
6 regelmäßig
7 bodeneng
8 bodenweit
9 regelmäßig zeheneng
10 regelmäßig zehenweit

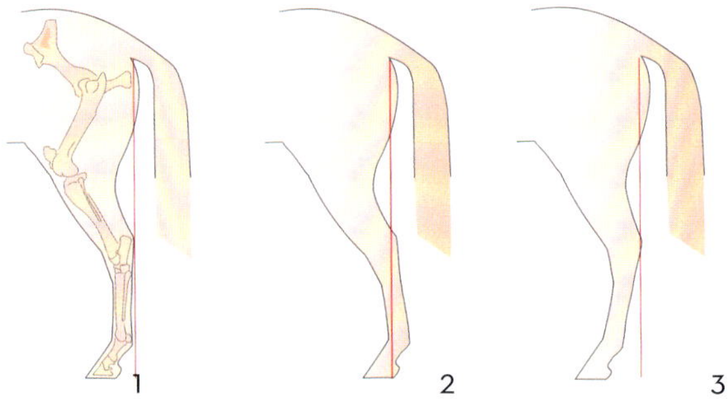

Die Gliedmaßenstellung der Hinterhand:
1 regelmäßig
2 rückständig
3 vorständig

stellungen bestimmte Hufsituationen. Analysierst du die Gliedmaßstellung deines Pferdes, kannst du folgende Hufsituationen erwarten.

Gliedmaßenstellung „bodeneng" oder „o-beinig"

Bei Gliedmaßenstellungen, die in Richtung Körpermitte orientiert sind, kannst du die steile Hufwand außen und die flache Hufwand innen erwarten.

Gliedmaßenstellung „bodenweit" oder „x-beinig"

Bei Gliedmaßenstellungen, die vom Körper weg orientiert sind, kannst du die steile Hufwand innen und die flache Hufwand außen erwarten.

Gliedmaßenstellung mit Rotation

Bei vielen Gliedmaßenstellungen zeigt die Knochenachse eine Rotation, also eine Drehung. Oft dreht sich der Zehenbereich ab dem Fesselgelenk entweder nach innen oder nach außen. Diese Stellung wird als „zeheneng" oder „zehenweit" bezeichnet. Hier kannst du eine diagonale Hufform erwarten.

Bockhuf

Ein Bockhuf ist ein sehr steiler Huf.

Zwanghuf

Ein Zwanghuf hat einen verengten, hinteren Hufbereich. Häufig ist ein Zwanghuf steil, er kann aber auch flach sein.

GANGBILD

Das Bewegungsmuster selbst ergibt sich aus dem Verhältnis von Rumpf, Rumpfbreite und Gliedmaßenlänge. Folgende Bewegungsmuster und Hufsituationen sind typisch.

Regelmäßige Gliedmaßenstellung

Für diese Gliedmaßenstellung kannst du erwarten, dass die Gliedmaße auf einer mehr oder weniger geraden Linie nach vorne geführt wird. Die Hufform ist eher regelmäßig.

In Richtung Körpermitte orientierte Gliedmaßenstellung

Für diese Gliedmaßenstellung kannst du erwarten, dass die Gliedmaße in einem bügelnden Gang geführt wird.

Bügelnder Gang

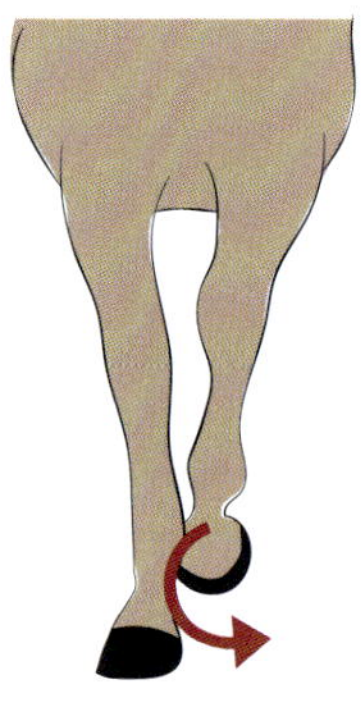

Schnürender Gang

Die Hufform ist eher einseitig belastet, mit einer steilen Außenwand.

Von der Körpermitte weg orientierte Gliedmaßenstellung

Für diese Gliedmaßenstellung kannst du erwarten, dass die Gliedmaße in einem schnürenden Gang geführt wird. Hierbei ergeben sich zwei Möglichkeiten für die Hufform:

– Wird der Huf innerhalb der eigenen Körperbreite geführt und berührt er hier zuerst den Boden, dann wird die äußere Hufwand steil.

– Wird der Huf über die eigene Körperbreite hinaus nach außen geführt und berührt er hier zuerst den Boden, dann wird die äußere Hufwand flach.

Gliedmaßenstellung mit Rotation

Wenn die Gliedmaße entweder nach innen zur Körpermitte oder nach außen von der Körpermitte weggeführt wird und dabei zusätzlich rotiert, kannst du einen diagonalen Huf erwarten. Häufig ist ab dem Fesselgelenk eine Rotation im Zehenbereich vorzufinden. Ein Beispiel hierfür ist ein Pferd, das bodeneng und zugleich zeheneng steht.

MERKE

Zeheneng oder zehenweit beschreiben den Verlauf der Gliedmaße ab dem Fesselgelenk. Sie können die oberhalb des Fesselgelenks bestehende Gliedmaßenstellung verstärken, wenn sie in dieselbe Richtung orientiert sind (bspw. bodeneng und zeheneng), oder sie abschwächen, wenn sie in die entgegengesetzte Richtung orientiert sind (bspw. bodeneng und zehenweit). Damit stärken oder schwächen sie auch das jeweilige Gangbild.

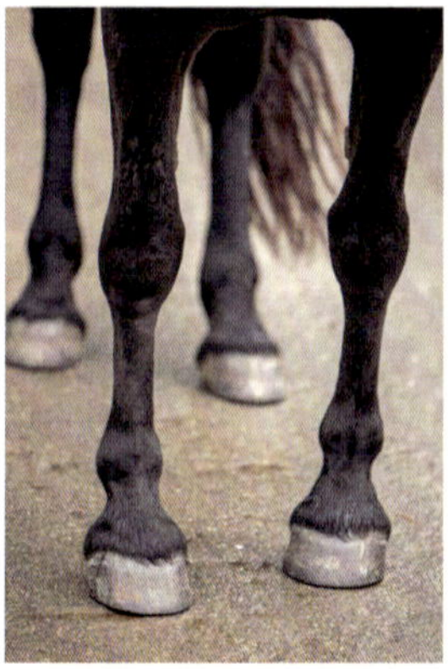

Zeheneng

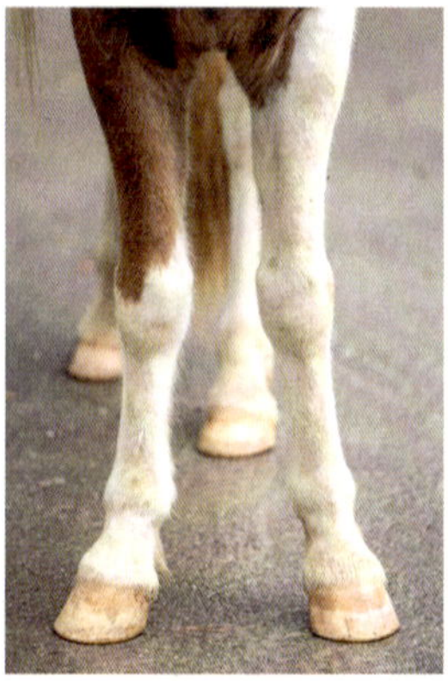

Zehenweit

HUFMECHANISMUS

Als Hufmechanismus wird die Veränderung des Hufes unter Be- und Entlastung bezeichnet. In der Wissenschaft gibt es verschiedene Modelle, die als Erklärungsversuch diskutiert werden. Tatsächlich ist es aber so, dass es bis heute kein einheitlich definiertes Modell für den Hufmechanismus gibt. Dennoch ist es hilfreich, sich ein Bild von den Veränderungen des Hufes unter Be- und Entlastung zu machen. Das kann dir helfen, die Hufe in ihrer Form und Entwicklung besser zu verstehen. Das häufigste angewendete Modell ist die Erweiterungstheorie. Dieses Modell beschreibt den Hufmechanismus wie folgt.

Belastung des Hufes

Wird ein Huf belastet, erweitert er sich im Trachtenbereich. Die elastische Struktur des Strahls lässt diese Erweiterung zu. Bei der Erweiterung dehnt sich der hintere Hufbereich aus und der Komplex aus Sohle und Strahl senkt sich in Richtung Boden ab.

Im Moment der stärksten Belastung erfährt der Strahl einen Gegendruck durch den Bodenkontakt. Diesen Druck benötigt er, um eine stabile und gesunde Struktur auszubilden.

Entlastung des Hufes

Wird der Huf entlastet, kehren sich diese Prozesse um. Die Sohle wölbt sich wieder auf und der Strahl verliert einen Großteil seines Kontaktes mit dem Boden.

Wodurch erweitert sich der Huf bei Belastung?

Das ist eine spannende Frage. Wenn du in der Gliedmaße des Pferdes nach einer Erklärung suchst, stehen dir grundsätzlich folgende Strukturen zur Verfügung: Knochen, Muskeln und die damit verbundenen Sehnen sowie Bänder. Die Antwort auf diese Frage muss also in diesen Strukturen zu finden sein.

Das Erweitern des Hufes über Muskeln und Sehnen wäre für das Pferd viel zu anstrengend, weil es bei jedem Schritt Energie aufwenden müsste. Für das Pferd als Energiesparer wäre das nicht möglich. Muskeln und Sehnen erweitern den Huf bei Belastung also nicht! Es bleibt damit nur die Knochenstruktur übrig, um das Erweitern des Hufes zu erklären.

Von ihrer Lage her eignen sich dafür Kronbein und Hufbein. Das Kronbein sitzt zu einem geringen Teil in der Hufkapsel, der größere Teil befindet sich über der Hufkapsel. Wird die Gliedmaße belastet, senkt sich das Kronbein in den Huf. Dabei überträgt es den Belastungsdruck auf den oberen Bereich der Eckstreben. Da Eckstreben zum Wandhorn gehören, wird dieser Druck direkt an die Hufkapsel weitergegeben, wodurch sie sich erweitert. Kronbein und Hufbein gleiten über Bindegewebe auf der inneren Eckstrebenstruktur entlang.

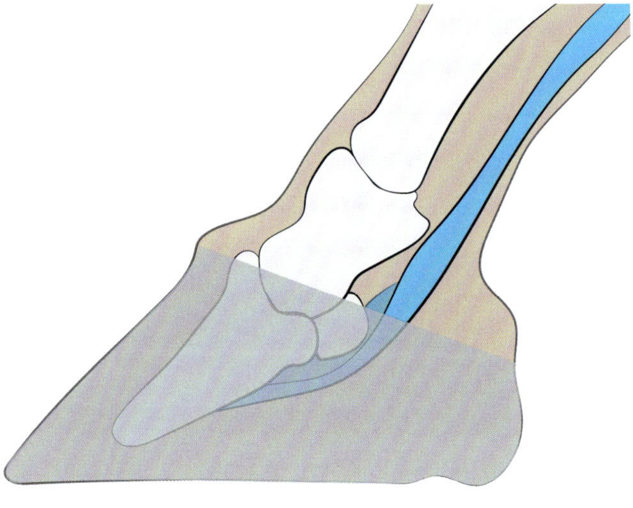

Hornkapsel und Lage der Zehenknochen. Das Kronbein liegt mit seinem unteren Bereich in der Hornkapsel.

Mehr Stabilität im vorderen Hufbereich

Da der vordere Hufbereich stärker durch Harthorn gebildet wird, verändert er sich kaum unter Be- und Entlastung. In diesem Bereich steht die Schutzfunktion der inneren Hufstrukturen im Vordergrund. Dies erfordert eine erhöhte Stabilität. Die stabilere Hornstruktur eignet sich auch dafür, die Bewegungsenergie punktgenau auf den Boden zu übertragen.

MERKE

Der obere Abschnitt der Eckstreben bildet einen Widerstand für das Einsinken des Kronbeins in den Huf bzw. die Hufkapsel. Die Bearbeitung der Eckstreben hat damit einen großen Einfluss auf den Hufmechanismus.

FESSELSTAND UND HUFWINKEL

Du kannst den Huf in zwei Abschnitte untergliedern. Der vordere Bereich des Hufes in Richtung Zehe wird auch als Hebelfläche bezeichnet. Über die Hebelfläche muss das Pferd abfußen. Je länger eine Hebelfläche ist, desto mühsamer und schwieriger ist das Abfußen für das Pferd. Den hinteren Bereich des Hufes bezeichnet man als Stützfläche. Damit sich ein Pferd optimal bewegen und stabilisieren kann, sollten Hebel- und Stützfläche in einem bestimmten Verhältnis stehen. Du kannst dieses Verhältnis sehr leicht bestimmen. Wenn du den Huf direkt von der Seite betrachtest, kannst du ein Lot vom vordersten Punkt des Kronrandes nach unten in Richtung Boden fällen.

Bei einem Huf, der ideal steht, sollte die Strecke vom Lot bis zur Zehenspitze ein Drittel der Gesamtlänge betragen. Ist dies der Fall, steht der Huf passend. Ist dieses Verhältnis kleiner als ein Drittel, steht der Huf zu steil. Ist dieses Verhältnis größer als ein Drittel, steht der Huf zu flach.

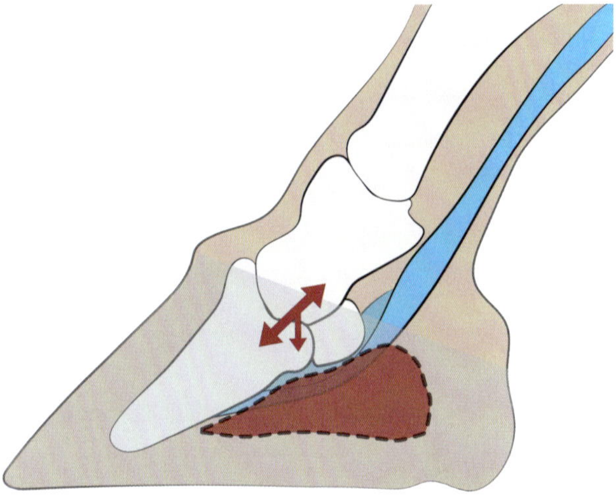

Schematische Darstellung: Bei Belastung üben Hufbein und Kronbein über das Bindegewebe Druck auf die innere Eckstrebenoberkante aus. Der Druck überträgt sich auf die Hornkapsel und ermöglicht den Hufmechanismus.

HUFWINKEL

Der Hufwinkel ist der Winkel zwischen dem Untergrund und der Zehenwand. Er kann dir ebenfalls helfen, den Fesselstand zu beurteilen.

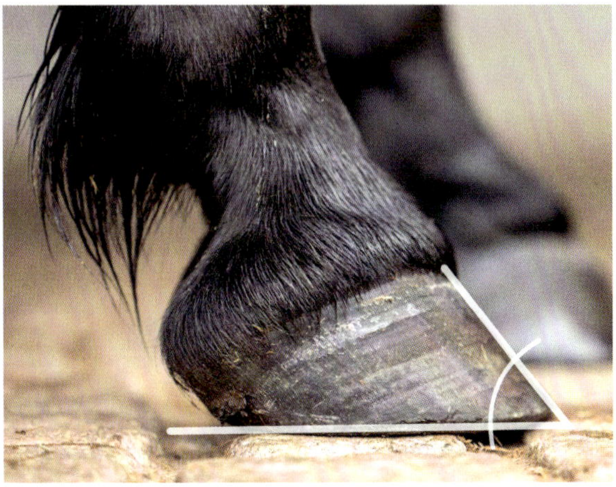

Hufwinkel können unterschiedlich sein.

TEAMWORK MIT DEINEM PFERD

Helfe deinem Pferd zwischen den Bearbeitungsintervallen

LEVEL 2

Deine Ausrüstung

Das Material und Werkzeug, das du benötigst, um einfache Maßnahmen am Huf durchzuführen, ist überschaubar. Unterscheide dabei zwischen Werkzeug und Schutzkleidung.

SCHUTZKLEIDUNG

Wenn du am Pferd arbeitest, begibst du dich in Situationen, die ein erhöhtes Gefahren- und Verletzungsrisiko darstellen. Bitte informiere dich über die allgemeinen Hinweise zur Arbeitssicherheit am Pferd. Folgende Schutzkleidung ist grundsätzlich zu empfehlen.

Stahlkappenschuhe

Schuhe mit Stahlkappen schützen deinen Zehenbereich für den Fall, dass ein Pferd den Huf unkontrolliert absetzt. Damit dein Fuß umfassend geschützt ist, nutze auch einen Mittelfußschutz.

Handschuhe

Nutze Schnittschutzhandschuhe. Diese erhältst du im Handel.

Armschutz

Schütze auch deine Unterarme durch lange Kleidung oder Stulpen.

Schutzbrille

Oft wird auf eine Schutzbrille verzichtet, denke aber daran, dass Horn, Schmutz oder Steine in dein Auge gelangen könnten.

Schon mit wenig Grundausstattung kannst du loslegen.

Hufschürze

Eine Hufschürze schützt deine Beine vor Schnitten und federt mögliche Tritte ab.

Sonstiges

Achte darauf, dass du keinen Schmuck oder offene Haare trägst, die sich bei der Arbeit verfangen können. Deine Kleidung sollte am besten etwas enger anliegen.

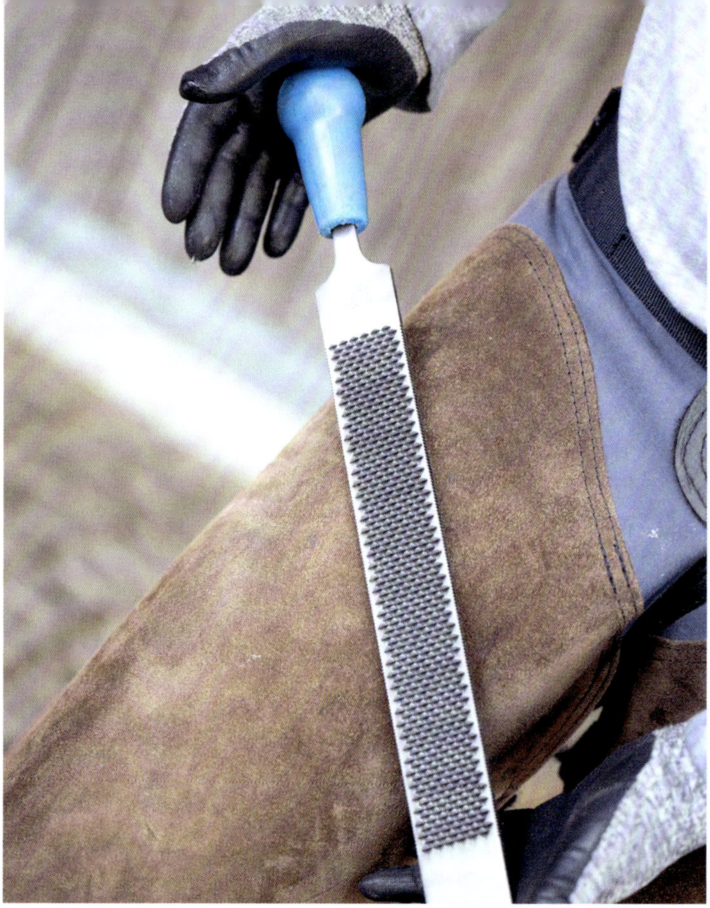

Die Hufraspel ist eins deiner wichtigsten Werkzeuge.

Tipp

Verwende die Hufraspel immer nur mit einem Griff, damit du dich nicht verletzen kannst.

WERKZEUGE

Hufraspel

Die Raspel ist dein wichtigstes Werkzeug, damit kannst du Horn entfernen. Eine Hufraspel hat eine feine und eine grobe Seite. Nutze die grobe Seite, wenn du mehr Material wegnehmen möchtest. Nutze die feine Seite für die Nachbearbeitung. Beim Einsatz der Raspel werden schnell Fehler gemacht, die du aber mit etwas Übung vermeiden kannst.

Messer

Mit dem Hufmesser kannst du Sohlenhorn, Eckstreben und Strahlhorn entfernen. Die Wölbung der Klinge sollte weitgehend der Sohlenwölbung des Hufes entsprechen.

Hufmesser gibt es in verschiedenen Ausführungen.

EINFACHE ARBEITSTECHNIKEN MIT DER HUFRASPEL

Kürzen

Du entfernst die überstehende Tragrandhöhe.

Strecken

Du entfernst Horn in Bereichen zu breiter Hufwandabschnitte von außen.

Berunden und Zehenrichtung geben

Du berundest den Tragrand im Zehenbereich und gibst dem Huf so seine Zehenrichtung. Damit kann dein Pferd besser abrollen. Vor allem Pferden mit flachen Hufen kannst du damit helfen.

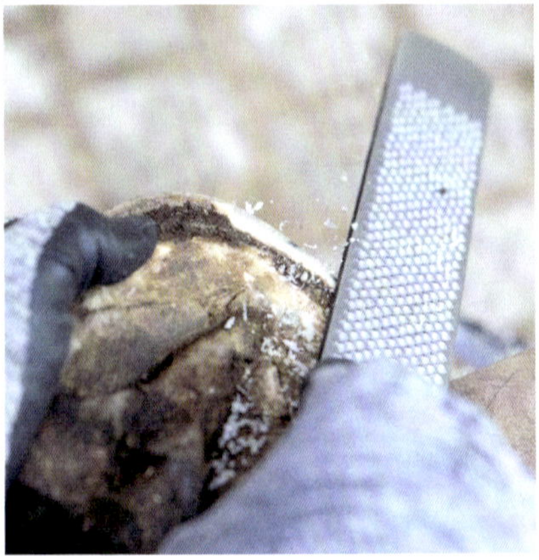

1

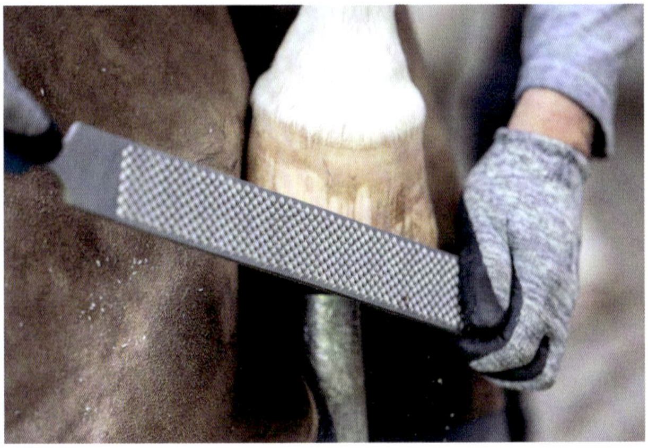

2

3

1 Kürzen:
Nimmst du mit der Raspel Tragrandhöhe, dann kürzt du überschüssige Tragrandlänge.

2 Strecken:
Wenn du mit der Raspel von außen an der Hufwand arbeitest, stellst du eine gleichmäßige Wandstärke her.

3 Berunden:
Wenn du die Raspel in einem Winkel von oben auf den Tragrand setzt, kannst du dem Tragrandende eine gewünschte Form geben.

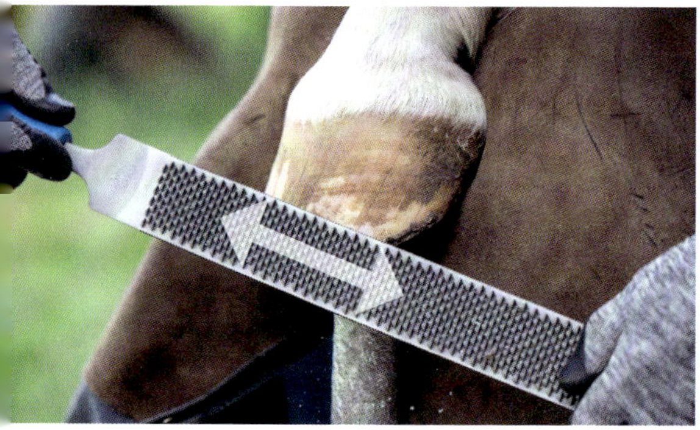

FEHLER

Fehler: Raspelst du auf der Hornwand immer nur hin und her, kannst du keinen ausreichenden Druck auf die Hufwand aufbringen. Zudem nutzt du die Raspel nur im mittleren Bereich.

Raspelfehler

– Die Raspel kann nur in einer Richtung Material entfernen. Führe sie deshalb in der richtigen Richtung!
– Wenn du flächig Hornmaterial in der Hufwand entfernen möchtest, muss die obere Kante der Raspel Kontakt mit der Hufwand haben. Hat nur die untere Kante der Raspel Kontakt mit der Hufwand, kannst du Hornmaterial nicht flächig abtragen.
– Wenn du mit der Raspel über den Tragrand gleitest, achte darauf, dass du nicht zu viel Druck auf dünnere Tragwandbereiche ausübst, sonst verursachst du ungleich hohe Tragränder. Führe die Raspel diagonal und gleitend über den Huf.
– Führst du die Hufraspel von oben auf den Huf, wirst du automatisch versuchen, den Kronrand nicht zu verletzen. In dieser Position kannst du nicht parallel zur Hufwand arbeiten. Du raspelst daher automatisch eine Kante in den Tragrandbereich.

FEHLER
und wie es richtig geht

1 Fehler: Die Raspel hat an ihrem oberen Ende keinen Kontakt mit der Hufwand. Du kannst so das Hornmaterial nicht flächig abtragen.

2 Fehler: Raspelst du von oben auf die Hufwand, kannst du Hornmaterial nicht flächig wegnehmen, da du sonst den Kronrand verletzen würdest.

3 Richtig: So liegt die Raspel richtig auf. Die obere Kante der Raspel hat Kontakt mit der Hufwand. Nun kannst du flächig Hornmaterial entfernen.

1

2

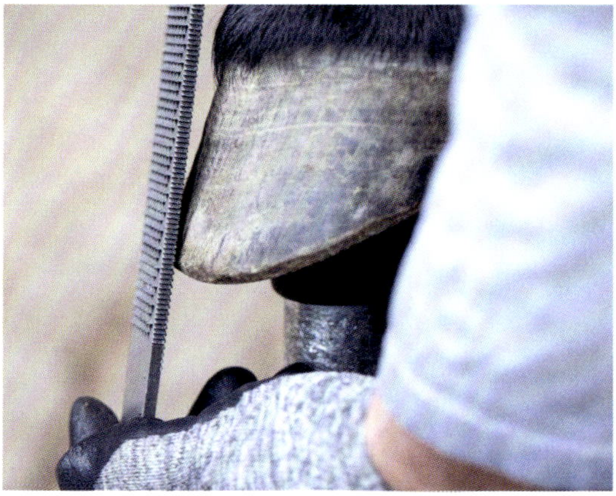

3

001

Arbeitstechniken mit Raspel

Im Film siehst du grundlegende Techniken und Fehler mit der Raspel.

1

FEHLER
und wie es richtig geht

1–2 Fehler: Seitlich ist der Tragrand dünner und die Sohle liegt tiefer. Raspelst du an dieser Stelle quer über den Huf, raspelst du schnell zu tief.

3–4 Richtig: Lasse die Raspel am besten diagonal über den Huf gleiten.

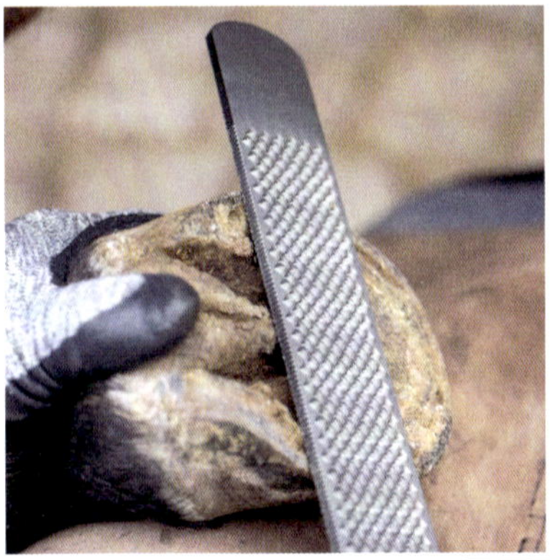

2

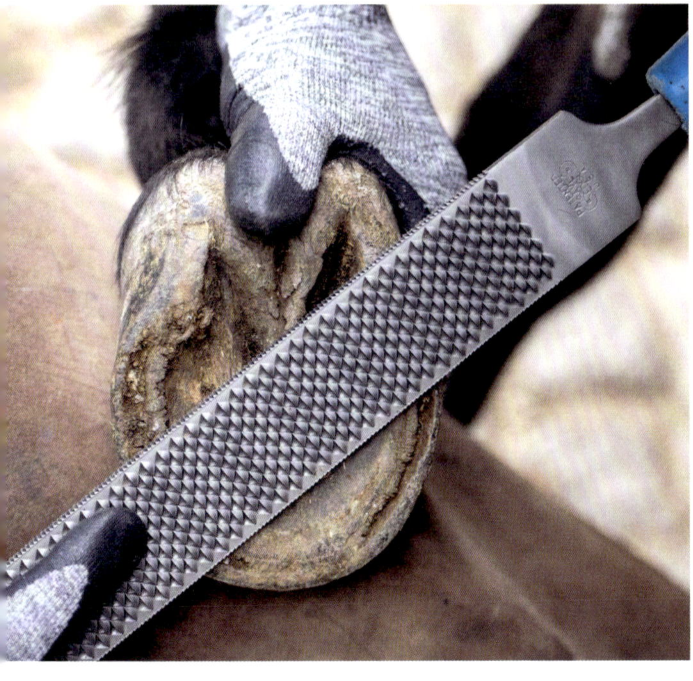

3

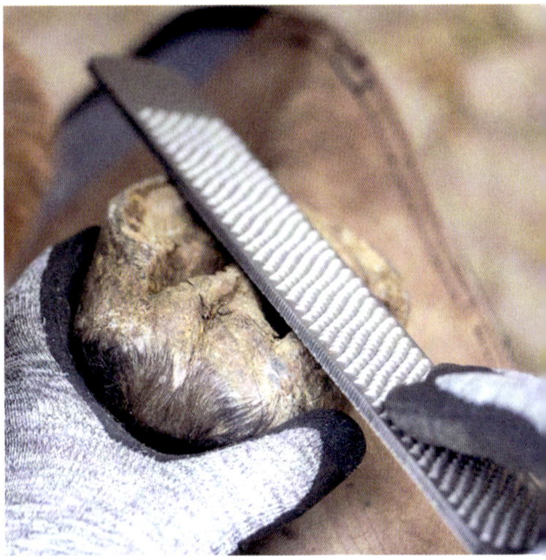

4

Fehler:
Setzt du den vorderen Bereich des Messers (Finne) zu steil auf die Sohle, so schneidest du eine tiefe Rille in die Sohle.

Fehler:
Die Klinge des Messers hat nur in der Mitte Kontakt mit der Sohle. So kannst du nur hier, aber nicht im vorderen Bereich des Messers Horn entfernen.

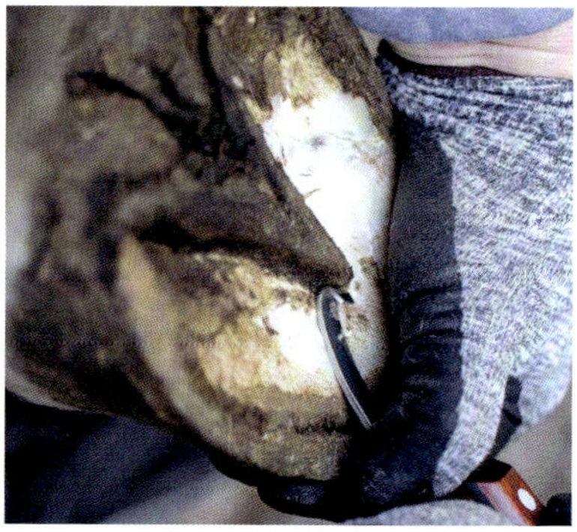

Achtung:
Eckstrebenhorn kann sehr massiv und fest sein. Möchtest du Eckstrebenhorn entfernen, setze den Schnitt nicht zu weit oben in der Eckstrebe an!

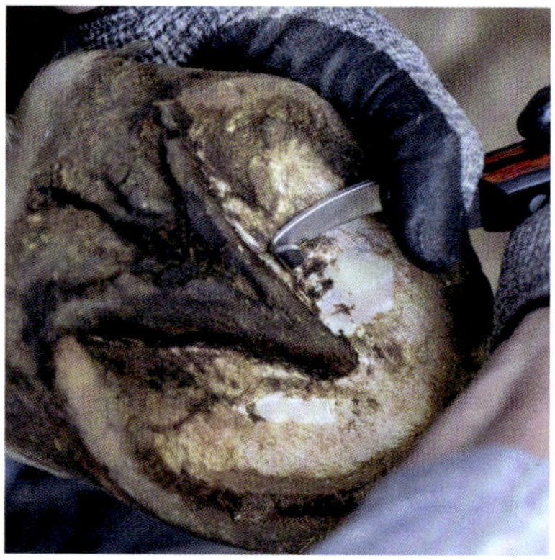

Richtig:
Schneide das Eckstrebenhorn in dünnen Schichten.

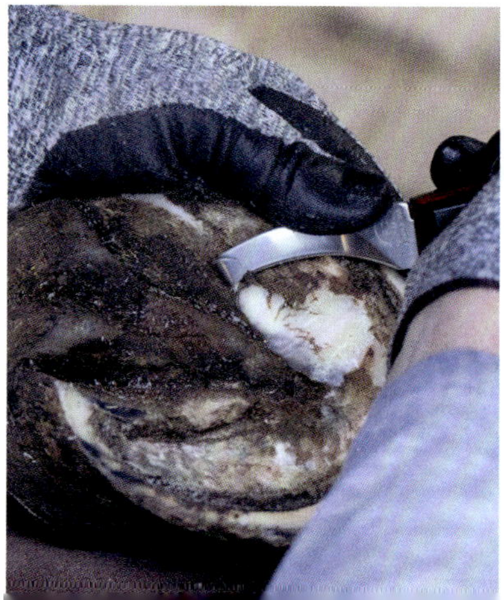

002

Arbeitstechniken mit dem Hufmesser

Im Film siehst du grundlegende Techniken und Fehler mit dem Hufmesser.

EINFACHE ARBEITSTECHNIKEN MIT DEM HUFMESSER

Schneiden

Mit dem Hufmesser kannst du die Sohle, die Eckstreben und den Hufstrahl bearbeiten. Die Auswahl an Messern ist groß. Bei der Wahl des geeigneten Hufmessers solltest du diese Punkte beachten:

– Je länger die Klinge, desto mehr Kraft benötigst du beim Schneiden.
– Je gewölbter die Klinge ist, desto schwieriger ist es, Hufe mit einer flachen Sohle zu bearbeiten.
– Je gerader die Klinge ist, desto schwieriger ist es, Hufe mit einer stärker gewölbten Sohle zu bearbeiten.

MERKE

Wähle ein Hufmesser mit mittlerer Länge und einer mittelstark gewölbten Klinge. Damit kannst du die meisten Hufe gut bearbeiten. Zu empfehlen sind Messer für die linke und die rechte Hand, auch Loop-Messer kannst du nutzen. Nicht zu empfehlen sind Hufmesser mit einer doppelseitigen Klinge, weil sie ein erhöhtes Verletzungsrisiko bergen.

Schneidefehler

Auch das Arbeiten mit dem Hufmesser will geübt sein. Wenn du mit dem Hufmesser arbeitest, können diese Fehler passieren:

– Du setzt das Messer zu schräg von oben auf den Strahl oder die Sohle an. Beim Schneiden entstehen Rillen.

– Du führst das Messer zu flach über die Sohle. So nimmst du nur im mittleren Bereich des Messers Horn weg. Der vordere Bereich des Messers bleibt ungenutzt.

– Du benötigst sehr viel Kraft beim Schneiden. Das Messer schneidet stufenartig in den Huf.

– Du möchtest Eckstrebenhorn entfernen, musst dafür aber viel Kraft aufwenden. Das Schneiden stockt, weil du zu viel Eckstrebenhorn auf einmal entfernen möchtest. Beginne daher mit der Bearbeitung der Eckstrebe an ihrem unteren Ende.

MESSER SCHÄRFEN

Ein Hufmesser wird schnell stumpf. Je nach Härte des Horns kann es notwendig sein, das Messer schon nach der ersten Bearbeitung nachzuschärfen. Hierfür gibt es im Handel verschiedene Wetzstähle. Um ein Hufmesser zu schärfen beziehungsweise scharf zu halten, schau dir die Tipps in unserem Video an.

003

Messer schärfen

Das Video zeigt das Schärfen eines Hufmessers.

Tipp

Bevor du beginnst, den Huf zu bearbeiten, reinige ihn gründlich von außen und innen. Um das Werkzeug zu schonen, benutze dazu einen Hufauskratzer oder eine Bürste. Ist es nötig, die Hufe mit Wasser zu reinigen, trockne sie danach ab, damit dein Werkzeug nicht zu rosten beginnt.

MERKE

Führe das Messer mehr parallel zur Hufsohle oder zum Strahl.

Führe das Messer etwas steiler, damit auch der vordere Abschnitt Material entfernen kann.

Führe die Klinge nicht zu steil zur Hufsohle, sondern richte sie etwas flacher aus.

Beginne mit der Eckstrebenbearbeitung weiter unten in Richtung Strahl, dort, wo sich die Eckstrebe verjüngt.

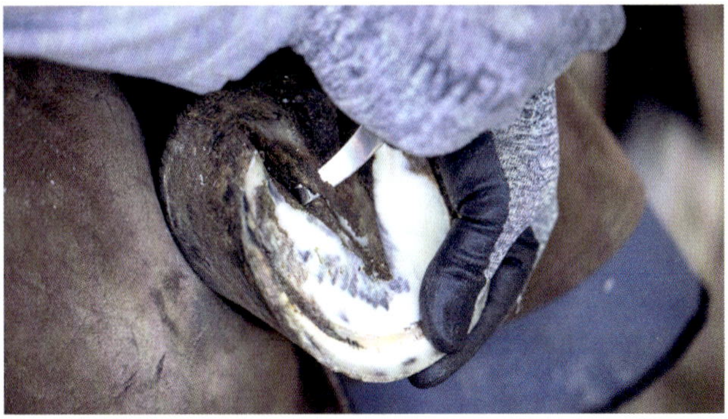

Möchtest du den Strahl schneiden, dann setze das Hufmesser an der Strahlspitze an und ziehe es in Richtung Ende der seitlichen Strahlfurche. Diese Art der Messerführung ist stabiler. Die Gefahr, dass du in den Strahl schneidest, ist damit geringer.

ACHTSAME HUFKONTROLLE

Pferde sind Fluchttiere. Arbeitest du am Huf, muss das Pferd dir vertrauen. Einen Huf zu geben, bedeutet für ein Fluchttier, seine Fluchtmöglichkeit einzuschränken. Sorge für eine ruhige und entspannte Arbeitsatmosphäre.

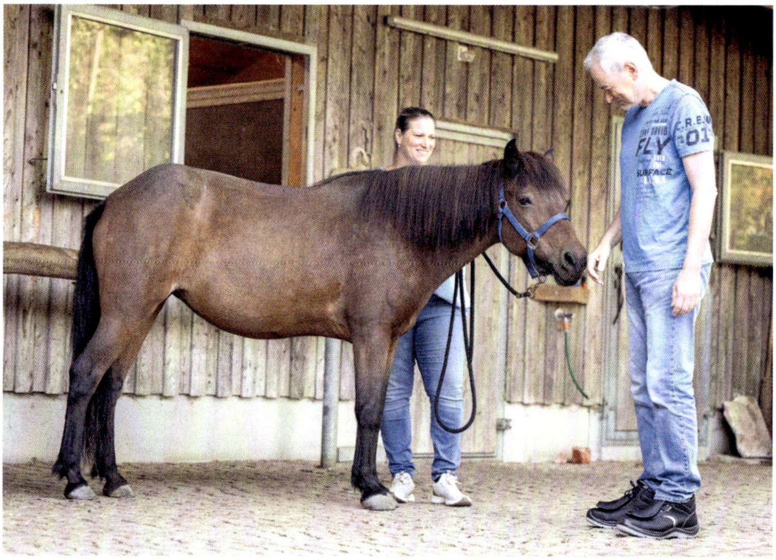

1
Kontaktaufnahme: Gib dem Pferd zunächst die Möglichkeit, dich kennenzulernen. Lasse es an dir riechen.

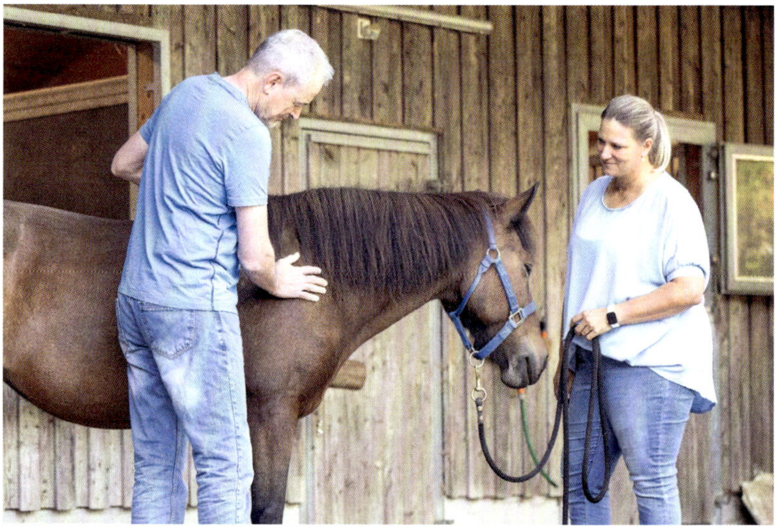

2
Ankündigen: Fahre ruhig an der Gliedmaße entlang, die du aufheben möchtest. Damit gibst du dem Pferd Gelegenheit, sich darauf einzustellen.

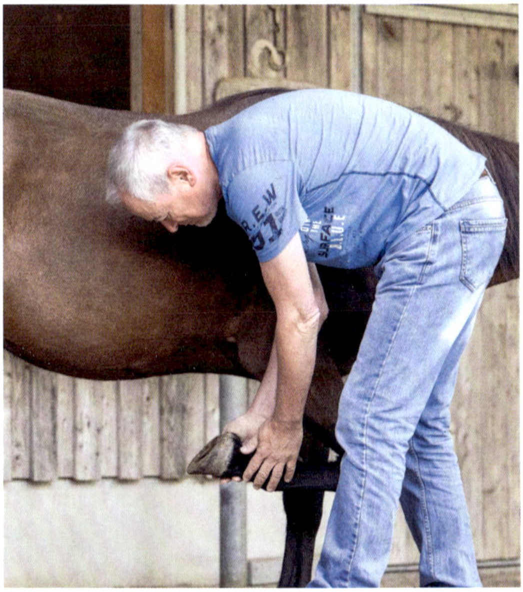

3 Check: Schaue dir den Huf an. Stehe ruhig und entspannt neben dem Pferd. Halte den Huf locker. Ziehe die Gliedmaße nicht zu sehr nach außen.

4 Sauberkeit: Ein gut gereinigter Huf ist die beste Voraussetzung für eine gute Hufbeurteilung.

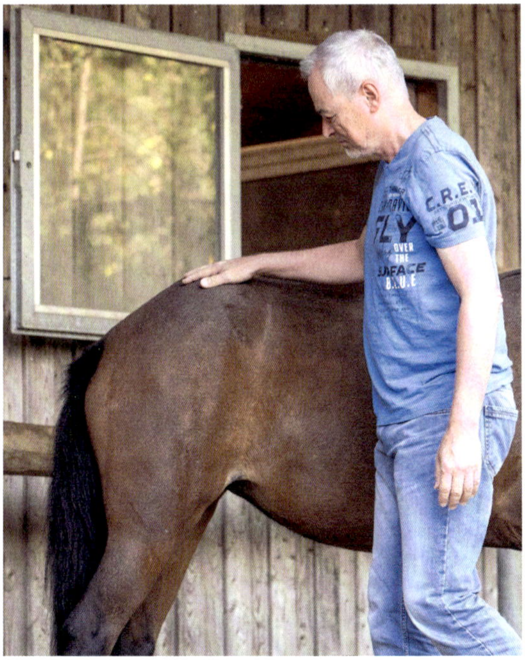

5 Sicherheit: Möchtest du die Hinterhand anheben, kündige dies für das Pferd an. Fahre mit deiner Hand ohne Druck vom Rücken in Richtung Gliedmaße.

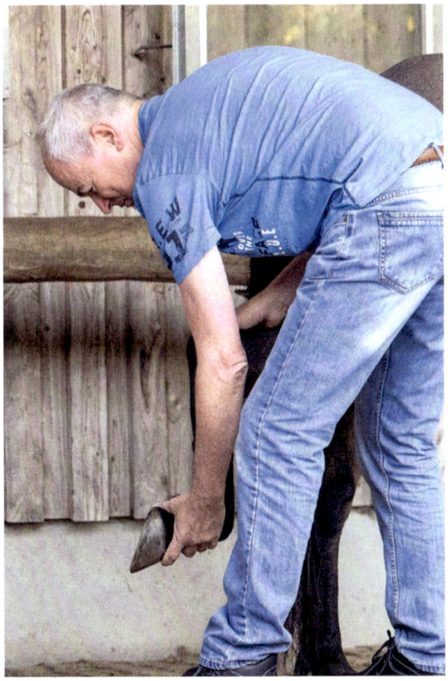

6 Position: Umfasse auch in dieser Position den Huf entspannt. Hebst du ihn zu hoch, ist das für manche Pferde unangenehm.

HUFE LESEN LERNEN

Hufprobleme können viele Ursachen haben.

LEVEL 3

Allgemeine Hufprobleme

Ungünstige äußere und innere Faktoren können zu Hufproblemen führen. Am Huf können davon alle Strukturen betroffen sein. Besonders anfällig sind die Weichhornanteile des Hufes. Dazu gehören der Hufstrahl und die Weiße Linie. Aber auch der Sohlenkörper und die Hufkapsel können geschädigt werden.

SOHLENPROBLEME

Die Hufsohle gehört zum Harthornteil des Hufes. Sie zeigt eine mehr oder weniger gewölbte Struktur. Durch diese Form ist sie in der Lage, die bei Belastung einwirkenden Kräfte gleichmäßig zu verteilen. Die Sohle des Hufes ist beweglich und verformbar. Wenn das Pferd den Huf belastet, senkt sich die Sohle Richtung Boden ab.
Das Pferd bildet permanent neues Sohlenhorn nach. Hierbei wächst Röhrchenhorn von oben nach unten. Erreicht dieses Horn eine gewisse Länge, zerfällt es und bildet das sogenannte Zerfalls- oder Bröselhorn. Unter Druck kann sich Sohlenhorn auch verdichten und Hornschwielen ausbilden.

MERKE

Die Entstehung von Hornschwielen ist vergleichbar mit der Hornhaut an deinen Händen. Arbeitest du viel handwerklich, bildet sich an deinen Handflächen Hornhaut.

Zerfalls- und Bröselhorn

Da sich Sohlenhorn ständig neu bildet, ist es ein ganz natürlicher Prozess, dass sich in der Sohle Zerfalls- oder Bröselhorn ansammelt. Dies ist erst einmal nicht bedenklich. Haben Pferde hinreichend Bewegung, löst sich dieses Horn von alleine aus der Sohle. Findest du in der Sohle viel Zerfallshorn, kann dies ein Hinweis auf zu wenig Bewegung, vor allem auch auf unterschiedlichen Böden sein.

Abhilfe: Schaue, wie du deinem Pferd mehr Bewegungsanreize bieten kannst. Sind die räumlichen Möglichkeiten begrenzt, prüfe, ob du auf kleinerer Fläche unterschiedliche Böden anlegen kannst. Reichen die Bewegungsmöglichkeiten nicht aus, entferne das Zerfallshorn regelmäßig mit dem Hufmesser.

Fäulnis in der Hufsohle

Zerfallshorn kann in Verbindung mit nicht optimaler Haltung, feuchten Böden und bei schlechterer Stallhygiene Fäulnisprozesse begünstigen. Das bietet Keimen einen optimalen Nährboden, um sich zu vermehren und das Horn anzugreifen. Du erkennst das an dunklen, oft schwarzen Hornresten und einer rissigen Struktur der Sohle. Mitunter ist auch ein fauliger Geruch bemerkbar.

Abhilfe: Verbessere die Haltungsbedingungen. Wähle eine Einstreu, die mehr Feuchtigkeit aufnehmen kann und dadurch trockener bleibt. Reinige die Hufe täglich. Zerfallshorn, das dir beim Reinigen entgegenbröckelt, kannst du bedenkenlos entfernen. Gelingt dir dies, kannst du auf zusätzliche Pflegemittel verzichten.

Zerfallshorn lässt sich leicht entfernen.

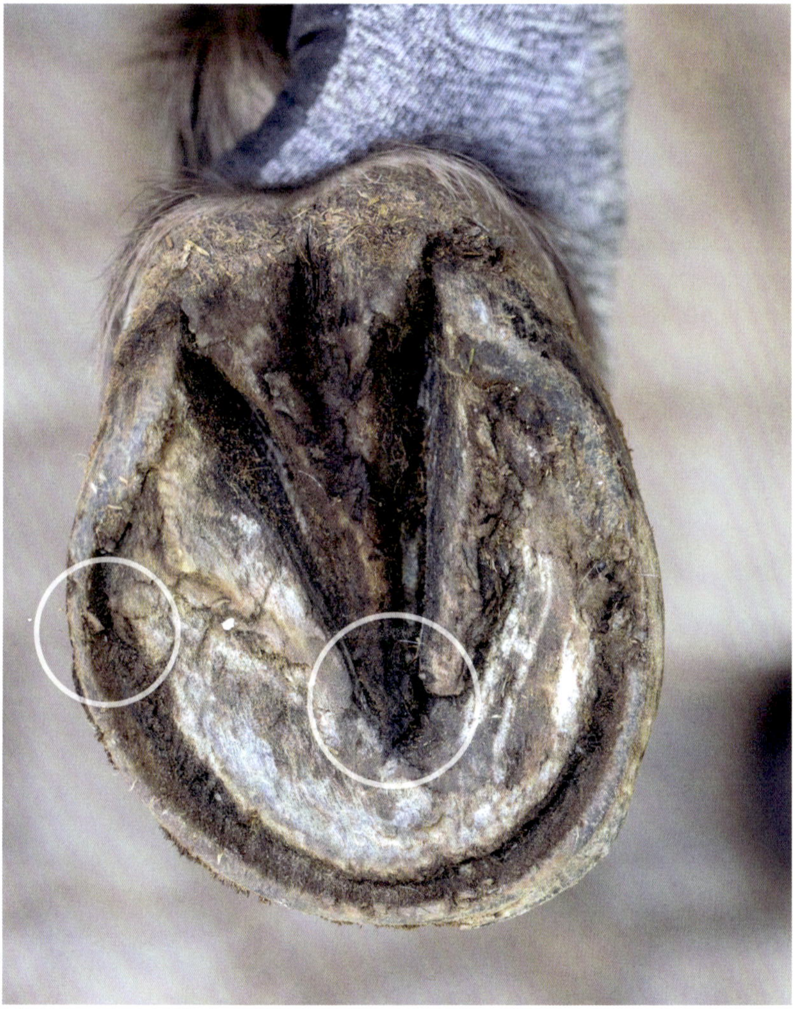

Fäulnisbereiche in der Hufsohle

Doppelte oder falsche Sohle

Wenn du die Hufsohle anschaust und den Eindruck hast, dass dort Horn plattenartig übereinanderliegt, dann hat dein Pferd sehr wahrscheinlich eine doppelte oder falsche Sohle.
Die Eckstreben können sich zum Teil sehr schnell in die Sohle hineinschieben und sie bedecken. Es entsteht eine falsche Sohle. Da Eckstreben dem festen Wandhorn zugeordnet werden, ist eine falsche Sohle meist sehr kompakt und fest. Nicht selten bricht sie in Teilen heraus. Darunter lässt sich das Zerfallshorn erkennen.
Wird Sohlenhorn beständig nachgeschoben und löst es sich nicht aus der Sohle, entsteht eine doppelte Sohle.
Eine falsche bzw. doppelte Sohle kann, muss aber kein Problem darstellen. Es ist zwischen zwei Situationen zu unterscheiden:

Kompakte doppelte/ falsche Sohle, die den Huf komplett ausfüllt und den Strahl umschließt.

Fall 1: Die doppelte bzw. falsche Sohle ist sehr kompakt und es besteht keine Gefahr, dass sich darunter Fäulnisprozesse entwickeln. Gleichzeitig ist der Fesselstand deines Pferdes nicht zu flach. Du kannst also einen langen, flachen Huf mit einer langen Zehe ausschließen. Sehnen und Fesselträger werden nicht überlastet.

Abhilfe: Nicht nötig: In diesem Fall kann die doppelte/falsche Sohle deinem Pferd zusätzlichen Schutz bieten.

Fall 2: Die Haltungsbedingungen deines Pferdes sind hygienisch nicht optimal. Es besteht die Gefahr, dass zu viel Feuchtigkeit in den Bereich zwischen der eigentlichen Sohle und der doppelten/falschen Sohle eindringt. In dieser Situation kann die Entstehung von Fäulnisprozessen im Zerfallshorn nicht gänzlich ausgeschlossen werden.

Abhilfe: Es empfiehlt sich, die doppelte/falsche Sohle zu entfernen. Löse sie mit dem Hufmesser aus dem Sohlenkörper. Schneide aber nicht in das gesunde Sohlenmaterial.

Fall 3: Dein Pferd hat eine doppelte/ falsche Sohle und der Fesselstand des Hufes ist zu flach. Wird die doppelte/falsche Sohle in diesem Huf belassen, kann es zu einer Überlastung der Beugesehnen und des Fesselträgers kommen.

Abhilfe: Die doppelte/falsche Sohle sollte entfernt werden, damit dein Pferd an der Zehe bearbeitet werden kann, um so den Huf steiler zu stellen. Prüfe jedoch, ob dein Pferd nach der Entfernung fühlig gehen könnte.

Hämatome

Hufhorn wird durch die Epidermis (Oberhaut) gebildet. Es ist eine tote Substanz, die ständig nachproduziert wird. Du kannst das mit deiner Haut vergleichen. Auch ihre oberste Schicht besteht aus toten Zellen, die sich immer wieder erneuern. Damit ständig neues Horn gebildet werden kann, wird in den tieferen Schichten ein gut

Sohle mit schichtartigen Hornauflagerungen

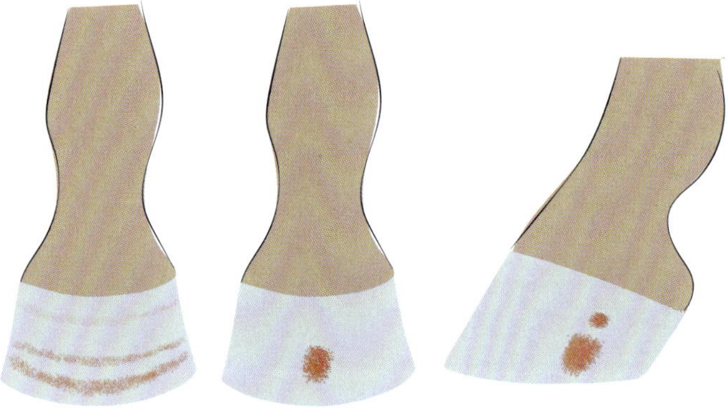

Einblutungen in der Hornwand: Ringförmige Einblutungen verweisen auf Stoffwechselprobleme, punktuelle oder flächige auf ungünstige Druckverhältnisse oder sie entstehen durch Anschlagen.

durchbluteter Bereich, die sogenannte Lederhaut, benötigt. Wird die Lederhaut durch einen Schlag von außen verletzt oder ein zu großer Druck auf sie ausgeübt, entsteht ein Bluterguss, der auch als Hämatom bezeichnet wird. Hämatome können in der Hufwand, der Hufsohle und dem Hufstrahl auftreten. Sie sind bei hellen Hufen einfacher und deutlicher zu erkennen. Im Heilungsprozess verändern sie ihre Farbe. Hämatome können unterschiedlich aussehen. Die Lage und Größe des Hämatoms gibt dir einen deutlichen Hinweis auf seine Ursache.

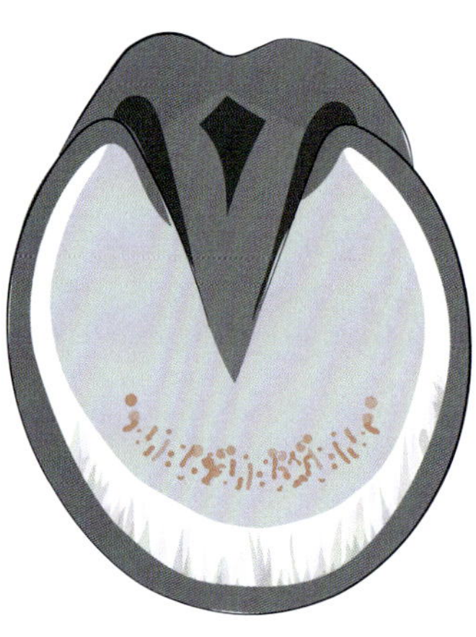

Ringförmige Einblutungen in der Sohle und eine aufgezogene und zerstörte Weiße Linie sind ein typisches Anzeichen für Hufrehe.

Punktuelle Hämatome

Die Ursache ist sehr wahrscheinlich ein Schlag von außen durch Kantenvorsprünge, Steine oder ähnliche Gegenstände, an die das Pferd in der Bewegung anschlägt oder drauftritt. **Abhilfe**: Treten Hämatome häufiger an derselben Stelle auf, prüfe die Haltungsbedingungen auf mögliche Gefahrenquellen. Das Hämatom wächst von alleine heraus.

Flächige Hämatome

Hämatome, die großflächig sind und immer wieder in denselben Bereichen auftreten, verweisen auf eine ungünstige Belastungssituation der Hufkapsel. Ursachen können Fehlstellungen oder eine unzureichende Hufbearbeitung sein.
Abhilfe: Prüfe, ob die Hufbearbeitung verbessert werden kann. Ist es möglich, die betroffenen Wandbereiche stärker zu entlasten? Berate dich dazu mit einem Hufexperten und kläre mit ihm, ob Einfluss auf eine möglicherweise ungünstige Gliedmaßenstellung genommen werden kann. Ziehe gegebenenfalls auch einen Tierarzt oder Therapeuten dazu.

Ringförmige Einblutungen

Ringförmige Einblutung in der Hufwand oder in der Sohle verweisen auf ein physiologisches Problem. Das können Stoffwechselprobleme, Nieren- oder Leberprobleme sein. Auch an eine Hufrehe-Erkrankung muss gedacht werden, insbesondere auch an eine Vergiftungsrehe, z. B. durch schimmliges Heu oder Giftpflanzen.
Abhilfe: Kläre, ob weitere Hinweise auf Stoffwechselstörungen, Nieren-

oder Leberprobleme oder eine Hufrehe-Erkrankung vorliegen. Ziehe gegebenenfalls einen Tierarzt oder andere Experten hinzu. Prüfe unbedingt das Futter deines Pferdes, vor allem das Raufutter und deine Weiden. Hast du die Ursache beseitigt, wächst eine gute und gesunde Hornstruktur nach.

Schwielen

Schwielen in der Hufsohle entstehen dort, wo die Sohle einem höheren Druck und einer Mehrbelastung ausgesetzt ist. Sie schützen die darunterliegenden Strukturen. Du kannst die Schwielen daran erkennen, dass die Sohle im Bereich der Schwiele keinen gewölbten Verlauf mehr hat, sondern parallel zum Tragrand verläuft. Versuche die Ursache herauszufinden:

– Wird dein Pferd auf harten, abriebintensiven Böden gehalten oder geritten?
– Könnte seine Gliedmaßenstellung zu dieser Ungleichbelastung führen?
– Liegen Fehler in der Hufbearbeitung vor, die dazu führen, dass Zehe oder Seitenränder des Hufes zu einseitig belastet werden?

MERKE

Schwielen treten immer dann vermehrt auf, wenn durch die Nutzung, den Untergrund oder die Gliedmaßenstellung einzelne Bereiche des Hufes stärker belastet werden und zugleich kein Tragrandüberstand vorhanden ist.

Hufe können unter Belastung an der Sohle Schwielen bilden.

Zehenschwiele
Sie entsteht, wenn die Balance des Hufes von der Zehe in Richtung der Trachte nicht optimal ist. Sie zeigt dir eine Überlastung der Zehe an.
Fall 1: Dein Pferd steht rückständig. Das bedeutet, die Vorhand ist nach hinten orientiert. Dadurch erhält der Zehenbereich des Hufes mehr Last und es kann sich eine Zehenschwiele ausbilden.
Abhilfe: Versuche zu klären, warum die Gliedmaße deines Pferdes rückständig orientiert ist. Eine Ursache können Trage- und Statikprobleme sein. Ziehe gegebenenfalls einen Therapeuten oder Tierarzt hinzu. Insbesondere ältere Pferde neigen dazu, aufgrund einer Überlastung der Vorhand in eine rückständige Gliedmaßenstellung zu gehen. So können sie sich besser stabilisieren. In diesen Fällen empfiehlt es sich, die Zehenschwiele zu belassen.
Fall 2: Der Huf ist sehr flach. Dadurch kommt beim Abfußen zu viel Druck auf den vorderen Bereich und es bildet sich eine Schwiele.
Abhilfe: Dieser Fall muss besonders sorgfältig beurteilt werden. Wenn du die Schwiele belässt, damit dein Pferd nicht fühlig geht, steht es weiterhin zu flach. Damit sind Beugesehnen, Fesselträger oder Hufrollenapparat in Gefahr zu überlasten. Bearbeite in kurzen Abständen. Rasple immer wieder eine gute Zehenrichtung an.

1

2

1 Zehenschwiele

2 Bei zu flachen Hufen kann eine gute Zehenrichtung das Abfußen unterstützen.

Verschiedene Beschläge aus Kunststoff, Aluminium und Stahl. Einlagen können einem Beschlag zusätzliche Stoßdämpfung geben.

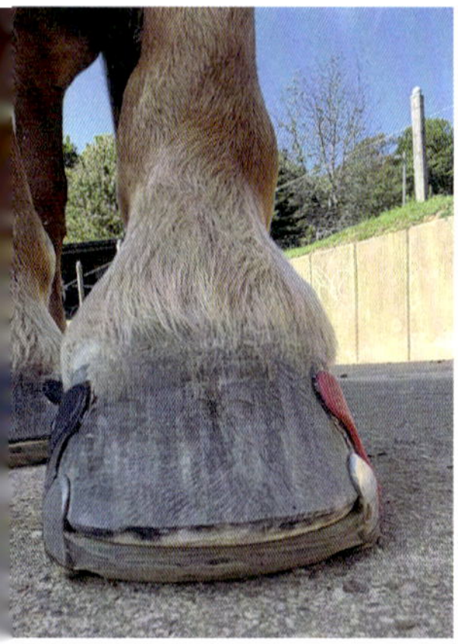

1

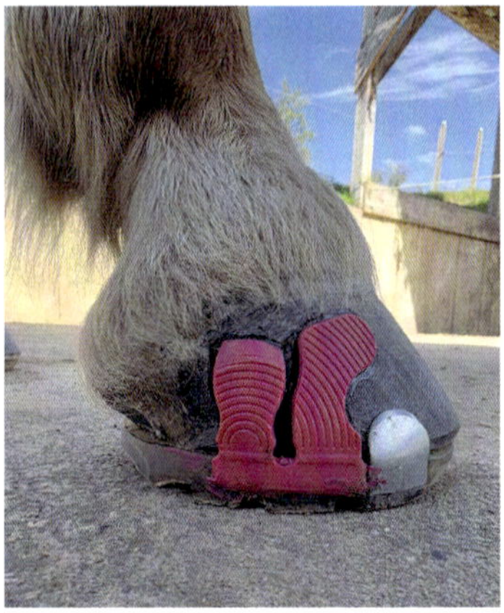

2

3

1–2 Klebebeschläge werden immer beliebter.

3 Der Turfcord ist ein geklebter Hufschutz.

Alternativ kann ein Beschlag helfen. Er kann den Abrollpunkt beim Abfußen noch weiter zurücklegen und gleichzeitig dem hinteren Hufbereich eine Unterstützungsfläche geben. Damit machst du dein Pferd mobiler und verhinderst weitere Überlastungen.

Seitliche Schwiele

Sie entsteht, wenn die Balance des Hufes von innen nach außen oder von außen nach innen nicht optimal ist. Eine andauernde, zu starke Ungleichbelastung der Hufe kann zu Problemen führen. In den Zehengelenken kann sich eine Arthrose entwickeln und die Hufknorpel können verknöchern.

Fall 1: Die Schwiele befindet sich nahe der äußeren Hufwand. Das sagt dir, dass dein Pferd in seiner Gliedmaßenstellung und -führung nach innen, also bodeneng orientiert ist.

Fall 2: Die Schwiele befindet sich nahe der inneren Hufwand. Das sagt dir, dass dein Pferd in seiner Gliedmaßenstellung und -führung nach außen, also bodenweit orientiert ist.

1

2

1 Seitliche Schwiele bei einem ungleich belasteten Huf

2 Huf mit flacher, wenig gewölbter Sohle

MERKE

Pferde mit wenig gewölbter Sohle tendieren zu Fühligkeit, insbesondere auf harten, unebenen Böden. Fühlig gehen bedeutet, dass das Pferd mit Schmerzen geht!

Hufe mit wenig Sohlenwölbung sind oft auch flach. Infolgedessen sind die Last tragenden Strukturen, wie Beugesehnen, Fesselträger oder auch der Hufrollenapparat, überlastet. Trotzdem darfst du keine künstliche Wölbung in die gesunde Sohlenstruktur schneiden!

Abhilfe: Das Ziel sollte es sein, die Ungleichbelastung des Hufes zu reduzieren. Versuche zwischen den Bearbeitungsterminen die flachere Hufwand zu kürzen, zu strecken und zu berunden. Damit kannst du der Ungleichbelastung entgegenwirken.

Sohlenwölbung

Die Hufsohle hat von Natur aus eine Wölbung. Die Wölbung ergibt sich in der Regel aus der Struktur des Hufbeins. Eine leicht gewölbte Sohle ist wünschenswert. Denn hier kann der Hufstrahl eine gute Position finden, um sich gesund auszubilden. Ob eine Sohlenwölbung ungünstig ist, kannst du am Hufstrahl ablesen. Es gilt:

– Je breiter der Hufstrahl, desto weniger gewölbt ist die Sohle.
– Je schmaler der Hufstrahl, desto stärker gewölbt ist die Sohle.

Flache, wenig gewölbte Sohle

Du erkennst eine flache, wenig gewölbte Sohle daran, dass der Hufstrahl sehr breit ist. Beim seitlichen Blick in die Sohle erkennst du kaum oder wenig Wölbung. Die Trachtenwände sind kurz. Häufig ist dieser Huf mehr belastet. Der Huf wird dadurch breiter und die Sohle verliert an Wölbung. Es kann aber auch eine doppelte/falsche Sohle vorliegen. Möglich ist auch ein Absinken der Sohle durch eine Lageveränderung des Hufbeins infolge von Hufrehe.

Huf mit stark gewölbter Sohle

MERKE

Hufe mit starker Sohlenwölbung ermöglichen keinen ausreichenden Hufmechanismus mehr. Infolgedessen kann es zu einer Überlastung der Knochenstruktur kommen, was zu Arthrose führen kann.

Abhilfe: Versuche den Grund für die flache, wenig gewölbte Sohle zu finden. Diese können sein:
– Überprüfe die Haltung deines Pferdes, reduziere den Abrieb der Hufe.
– Vermeide zu lange Aufenthalte deines Pferdes auf zu weichen Untergründen wie Sand oder Matsch.
– Unterstütze den Huf mit Produkten zur Stärkung der Sohlenstruktur.
– Nutze bei Bedarf Hufschuhe, einen Beschlag oder Klebebeschlag.
– Prüfe: Liegt eine doppelte/falsche Sohle vor?
– Prüfe: Liegt eine physiologische Erkrankung wie Hufrehe vor?

Stark gewölbte Sohle

Eine stark gewölbte Sohle erkennst du daran, dass der Hufstrahl sehr dünn ist. Die Trachtenwände sind sehr hoch und der Strahl liegt vertieft in der Sohle. Hier entwickelt sich oft Strahlfäule. Häufig ist dieser Huf weniger belastet.
Ursache kann eine rückständige Gliedmaßenstellung sein. Möglich ist auch eine Erkrankung, die zu einer Entlastung des Hufes und damit zu einem verminderten Abrieb führt.
Ein Sonderfall ist der Bockhuf. Kläre die Ursachen am besten mit einem Experten. Andere Ursachen können auch Stress und schlechte Haltungsbedingungen sein.
Abhilfe: Versuche die Ursachen zu finden, die zur Entlastung des Hufes oder der hinteren Hufbereiche führen.
– Verbessere die Haltungsbedingungen, damit sich das Pferd mehr bewegen kann.
– Optimiere dein Training, damit die Hufe gleichmäßiger belastet werden.
– Identifiziere Erkrankungen, die zu einer Entlastung des Hufes führen.
– Kürze gegebenenfalls die Trachten.

Trachten kürzen

Grundsätzlich können die Trachten bei zu steilen Hufen gekürzt werden. Ist die Huf- und Gliedmaßenstruktur gesund, kann der Huf etwas flacher gestellt werden. Liegt jedoch eine Erkrankung vor, muss beim Kürzen zu hoher Trachten zurückhaltend vorgegangen werden.

STRAHLPROBLEME

Der Strahl gehört zum Weichhornanteil des Hufes und hilft dem Huf, sich unter Belastung zu verformen. Bei jedem Auffußen nimmt er Druck auf und gibt ihn an das Hufinnere weiter. Als Teil des Hufmechanismus trägt er maßgeblich zur Stoßdämpfung und auch zur Durchblutung des Hufes bei. Wird der Strahl regelmäßig und gleichmäßig belastet, bleibt er kräftig und funktionsfähig. Bei mangelnder oder einseitiger Belastung, ungenügender Pflege oder Erkrankungen zeigen sich Veränderungen am Strahl. Ein gesunder Strahl ermöglicht eine ausbalancierte und gleichmäßige Belastung des Hufes und der Gliedmaße und spricht für eine gute Stallhygiene. Du kannst ihn an diesen Merkmalen erkennen:

– symmetrische, keilförmige Struktur
– fest, elastisch, trocken
– keine Risse, keine Löcher
– etwas niedriger als der Tragrand
– Bodenkontakt bei Belastung
– kein fauliger Geruch, keine schmierige Struktur

Breiter, überlasteter Strahl

Ein zu breiter Strahl befindet sich auf gleicher Höhe mit dem Tragrand oder höher. Da er bereits verbreitert ist, verliert er seine Dehnfähigkeit. Das führt dazu, dass der Strahl zu viel Druck beim Auffußen erhält. Eine gute Stoßdämpfung für den Huf und seine Gliedmaße ist nicht mehr gegeben. Du kannst ihn an diesen Merkmalen erkennen:

– mittlere Strahlfurche kaum noch sichtbar
– wirkt plattgedrückt, breitgelaufen
– auf gleicher Höhe wie der Tragrand oder höher
– Seitliche Strahlfurchen sind weniger tief.

MERKE

Ein gesunder Strahl ist wichtig für die Stoßdämpfung der anatomischen Strukturen bei Belastung. Hat dein Pferd beim Auffußen eine gute Stoßdämpfung, kann der Fesselträger und Sehnenapparat nicht so schnell überlastet werden.

Huf mit einem regelmäßig ausgebildeten Strahl

Ein breiter Strahl ist oft das Ergebnis einer überlasteten Hufkapsel. Beim Auffußen gerät der Strahl unter Druck und dehnt sich über sein natürliches Maß hinaus auf. Die Seitenwände gehen flach und weit auseinander. Die Eckstreben können sich nicht mehr gerade aufstellen, sie sind sehr flach und legen sich auf die Sohle um. Dadurch reduziert sich auch die Stabilität der Hufkapsel. Der hintere Hufbereich kann sich beim Abfußen durch einen zu breiten Strahl nicht mehr richtig zusammenziehen. Der gesamte Hufmechanismus ist gestört. Kleine Einblutungen und Hämatome können sich im Strahlhorn bilden. Häufig zeigen die Pferde ein langsames, vorsichtiges oder fühliges Gangbild.

Abhilfe: Hat dein Pferd bereits auf vertrautem Untergrund, wie Paddock oder Weide, Schmerzen oder zeigt es eine Fühligkeit, ist ein dauerhafter Hufschutz nötig. Infrage kommt ein Beschlag oder Klebebeschlag oder bestimmte Hufschuhe, die dauerhaft getragen werden können. Lass dich dazu von einem Fachmann beraten. Versuche herauszufinden, warum die Hufkapsel überlastet und der Strahl zu breit ist. Gegebenenfalls lässt sich die Ursache, z. B. eine Änderung der Haltung oder Nutzung, beheben und der Strahl kann sich wieder zurückbilden. Die Eckstreben sollten nach der Hufbearbeitung nicht mehr drückend auf der Sohle liegen. Achte darauf, dass du die Hufe regelmäßig und sorgfältig entlang der Eckstreben auskratzt, um Fäulnisprozesse zu vermeiden. Unterstütze die Hufhygiene mit geeigneten Pflegemitteln.

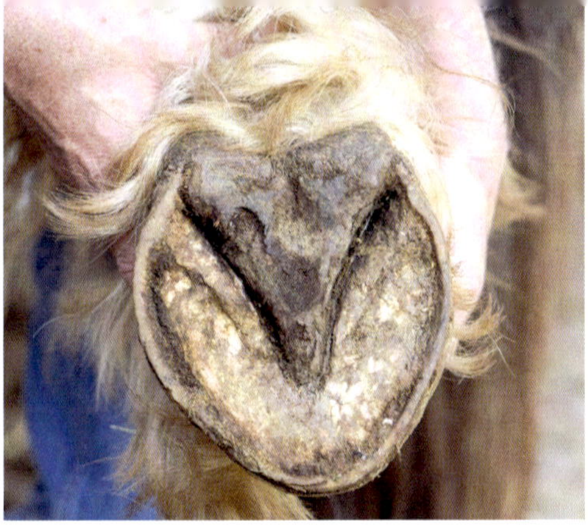

Huf mit einem breiten überlasteten Strahl

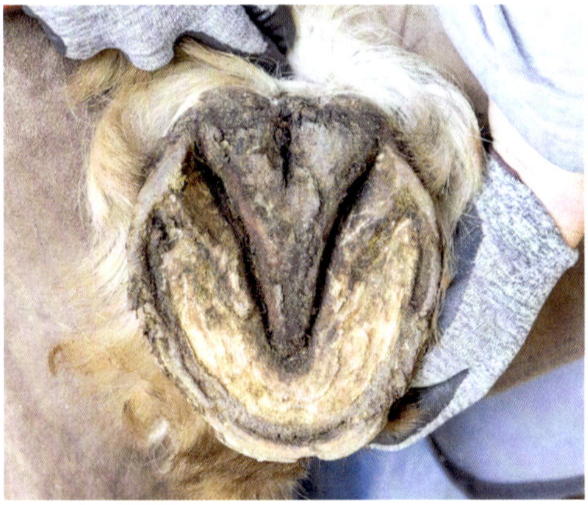

Huf mit einem breiten Strahl

Die Raspel liegt auf dem Hufstrahl und berührt nicht den Tragrand. Der Hufstrahl ist zu hoch, die Trachtenwand ist zu kurz ausgebildet.

MERKE

Ermögliche deinem Pferd das Laufen auf unterschiedlichem Untergrund in seinem Lebensraum (Stall, Paddock, Wiese). Besonders Bodenbereiche mit Rundkies fördern die gesunde Stimulation und die Aktivierung des Strahls und können ihn kräftigen.

Huf mit nach rechts verschobenem Strahl. Die linke Strahlfurche ist infolge der Verschiebung weiter geöffnet.

Verschobener Strahl

Ein verschobener Strahl ist ein wichtiger Hinweis, dass dein Pferd keine gleichmäßige Belastung auf dem Huf hat. Wird der Huf seitlich über den Boden gezogen oder sogar gedreht, verschiebt sich der Strahl unter dem entstandenen Druck.

Um einen verschobenen Strahl zu erkennen, teile den Huf mittig in zwei Hälften. Du erkennst ihn an folgenden Merkmalen:

- ungleichmäßige Form des Strahls
- Eine Strahlhälfte ist breiter als die andere.
- einseitig verengte Strahlfurche
- Das Auskratzen in den Strahlfurchen ist erschwert.
- eine nicht mehr mittig auf die Zehe zulaufende Strahlspitze

Die Ursache für einen verschobenen Strahl kann eine ungünstige Gliedmaßenstellung oder eine Erkrankung sein, die zu einer Bewegungsabweichung führt. Möglich ist auch eine fehlerhafte Hufbearbeitung, falsches Training oder nicht passendes Equipment, was eine ungünstige Gliedmaßenstellung noch verstärken kann.

Situationen, die zur Strahlverschiebung führen können

Fall 1: Ungleiche Gliedmaßen- oder Hufstellung. Dein Pferd steht mit der Gliedmaße stärker in Richtung Körpermitte. Die Belastung des Hufes ist deutlich auf der äußeren, steilen Hufwand. In der Bewegung führt das Pferd seine Gliedmaßen in einem Bogen nach innen und kommt nicht mehr gerade auf dem Boden auf. Hierdurch verschiebt sich der Strahl. Eine leichte Drehung des Hufes ist dabei möglich. Ein meist deutlicher Zehenabweiser zeigt sich auf der Innenseite des Hufes und verstärkt die seitliche Abfußung.

Abhilfe: Eine ungleichmäßige Belastung kann auch durch einseitiges Training oder eine nicht ausbalancierte Körperhaltung entstehen. Ein erfahrener Pferdephysiotherapeut oder Pferdetrainer kann dir helfen, dies zu erkennen, um dich und dein Pferd gezielt zu unterstützen. Eine engmaschige Hufbearbeitung ist zu empfehlen. Zwischen den Bearbeitungsterminen kannst du flache Wandbereiche kürzen. Achte zusätzlich darauf, die enge Strahlfurche gut zu reinigen, damit keine Fäulnis entsteht.

Fall 2: Verletzung oder Erkrankung. Dein Pferd hat eine akute Lahmheit aufgrund einer Arthrose oder einer anderen Verletzung und zeigt bereits eine Veränderung im Gangbild. Dadurch ändert sich die Belastung des Hufes, er wird mehr einseitig und der Strahl verschiebt sich.

MERKE

Eine vergleichbare Situation findest du, wenn dein Pferd mit seiner Gliedmaße stärker von der Körpermitte wegsteht.

Abhilfe: Verkürze die Bearbeitungsintervalle und achte auf die gründliche Reinigung der Strahlfurche. Ein individuell angepasster Hufschutz kann vorübergehend helfen, Schmerzen zu vermeiden und den Hufmechanismus zu unterstützen.

Fall 3: Lange Bearbeitungsintervalle. Nach der Bearbeitung läuft dein Pferd gerade und flüssig, zeigt aber bereits nach kurzer Zeit ein verändertes

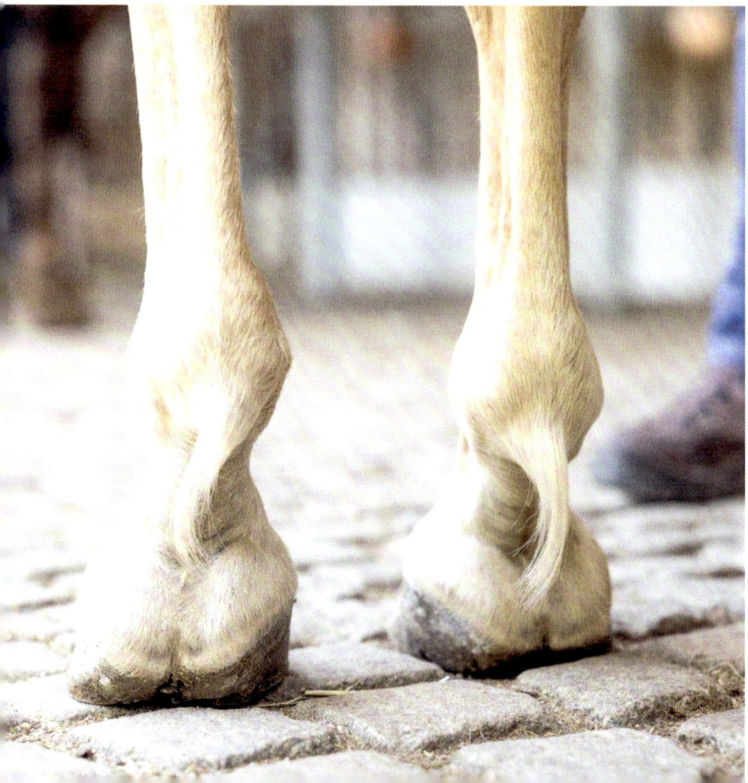

Schiefe Hufe trotz regelmäßiger Gliedmaßenstellung

Tipp

Ein verschobener Strahl ist immer ein Warnsignal, dass der Huf oder die Gliedmaße aus dem Gleichgewicht geraten ist. Die Ursache sollte unbedingt abgeklärt werden.

Gangbild. Auch der Huf zeigt in Kürze wieder einen deutlichen Zehenabweiser mit einer Strahlverschiebung.
Abhilfe: Das Bearbeitungsintervall ist möglicherweise zu lang für dein Pferd und sollte verkürzt werden. Notiere dir, wann du die Veränderung siehst. Wenn diese nach der 3. oder 4. Woche entsteht, ist das ein guter Zeitpunkt für die nächste Hufbearbeitung. Zwischen den Terminen kannst du den Zehenabweiser kürzen. Lasse dir von deinem Hufbearbeiter zeigen, wie weit du raspeln kannst.
Fall 4: Fehlerhafte Hufbearbeitung. Die Gliedmaßenstellung deines Pferdes ist gerade, aber der Huf gerät dennoch mehr und mehr aus der Balance. Nach der Hufbearbeitung siehst du, dass eine Hufwand noch deutlich höher ist und der Huf nach jeder Bearbeitung schiefer wird.
Abhilfe: Sprich mit deinem Hufbearbeiter über deine Beobachtung.

Strahlfäule

Strahlfäule ist eine Erkrankung des Hufstrahls, die durch Fäulnisbakterien verursacht wird. Keime und Bakterien zersetzen das weiche Strahlhorn, was zu Fäulnisprozessen, Hohlräumen und einem fauligen Geruch führt. Die Bodenverhältnisse, insbesondere in der nassen Jahreszeit, begünstigen das Entstehen von Strahlfäule. Keime, Bakterien und Pilze dringen in den feuchten, engen Bereich des Strahls ein. Besonders anfällig sind Hufe mit tiefen oder engen Strahlfurchen und Zwanghufe. Je begrenzter das Platzangebot deines Pferdes in seinem Stall oder Auslauf ist, desto mehr wird der Strahl durch die Verunreinigungen des Bodens, selbst bei täglichem Misten, strapaziert.

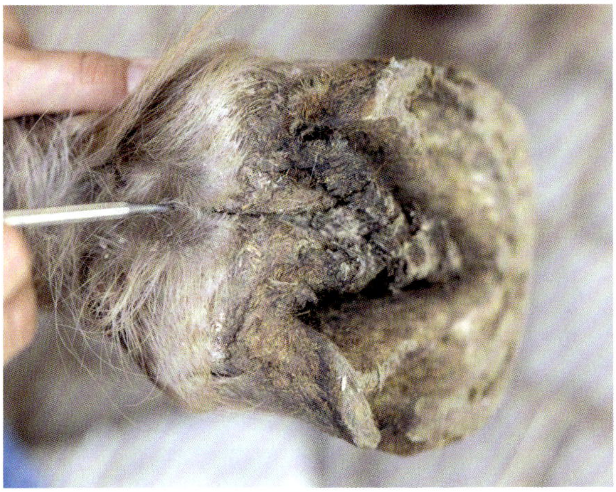

Huf mit tief gehender Strahlfäule in der mittleren Strahlfurche, die bis zum Kronrand reicht.

Du erkennst Strahlfäule an diesen Merkmalen:
– Risse und Löcher mit schwarzer, schmieriger Konsistenz
– dunkle bis schwarze Verfärbung des Hufstrahls
– unangenehmer, fauliger Geruch
– schwarze, tiefe Strahlfurche entlang des Strahls
– Hufeauskratzen kann für das Pferd unangenehm sein.

Die Strahlfäule ist kein harmloses Problem. Ein kranker Strahl kann nicht optimal zur nötigen Stoßdämpfung deines Pferdes beitragen. Andere Strukturen, wie z. B. der Fesselträger, müssen mehr leisten und können bereits nach wenigen Wochen überlasten, was wiederum zu weiteren gesundheitlichen Problemen führen kann.

Stallhygiene

Regelmäßiges Auskratzen, viel Platzangebot und eine gute Stallhygiene

1

1 Watterollen (Dentaltamponaden) eignet sich für das Ausstopfen der mittleren Strahlfurche)

2 Eine gute Stallhygiene beugt Strahlfäule vor.

2

MERKE

Damit sich das Strahlhorn kräftig ausbilden kann, ist auch ein guter Stoffwechsel wichtig. Mangelhafte, fehlende oder zu niedrige Mineralisierung führt zu einer schlechten Versorgung.

sind die Basis für einen gesunden, funktionsfähigen Strahl. Besonders in der nassen Jahreszeit, wenn dein Pferd den ganzen Tag an der Heuraufe steht und wenig Anreiz hat, sich zu bewegen, kommt es trotz täglichen Abmistens und Hufeauskratzens zu aufgeweichtem Horn. Keime, Bakterien und Pilz können besonders leicht eindringen und Strahlfäule verursachen.

Abhilfe: Die Haltungsbedingungen lassen sich durch häufigeres Misten, besonders an den Heuraufen, leicht verbessern. Achte außerdem auf trockene, saubere Einstreu. Lass dir von deinem Hufbearbeiter zeigen, wie du loses, fauliges Horn mit dem Hufmesser entfernen kannst. Produkte gegen Strahlfäule helfen, den Strahl zu desinfizieren und die Regeneration zu unterstützen.

Fehlbelastungen
Weitere, häufige Gründe für einen Huf, Strahlfäule zu entwickeln, sind auch eine Unter- oder Überbelastung der Hufkapsel.
Unterbelastung wird verursacht durch:
– Zwanghufe
– sehr steile Hufe
Überbelastung wird verursacht durch:
– lange, flache Hufform (oval)
– zu viel Gewicht, insbesondere bei schweren Pferden und Kaltblütern.

Fall 1: Bei Zwanghufen und zu steilen Hufen ist der hintere Hufbereich deines Pferdes sehr eng. Der Strahl ist schmal, verkümmert und die mittlere Strahlfurche ist bereits sehr tief. Die Trachten und Eckstreben gehen sichelförmig auf den Strahl zu. Jedes Auffußen ist schmerzhaft und dein Pferd möchte diesen Bereich nicht gerne belasten. Im Stand entlastet es immer wieder den hinteren Hufbereich und streckt u. U. das Karpalgelenk nach vorne, steht also vorbiegig. Der Strahl bekommt keinen ausreichenden Bodengegendruck, um sich kräftig auszubilden.

Abhilfe: Kläre zuerst die Ursache für den Zwanghuf oder die zu steilen Hufe und versuche sie abzustellen, sonst wird die Strahlfäule immer wieder auftreten. Lasse dir die mittlere Strahlfurche von deinem Hufbearbeiter sauber ausschneiden. Mithilfe einer Watterolle und etwas Zinksalbe tamponierst du die mittlere Strahlfurche aus. Gebe dazu etwas Salbe auf den Spalt, lege die Watterolle darauf und drücke beides zusammen sanft, mithilfe eines Hufauskratzers, in die Strahlfurche rein. Je nach Tiefe kannst du eine zweite oder dritte Watterolle eindrücken.

Zwanghuf mit hohen und engen Trachten und gequetschtem Strahl

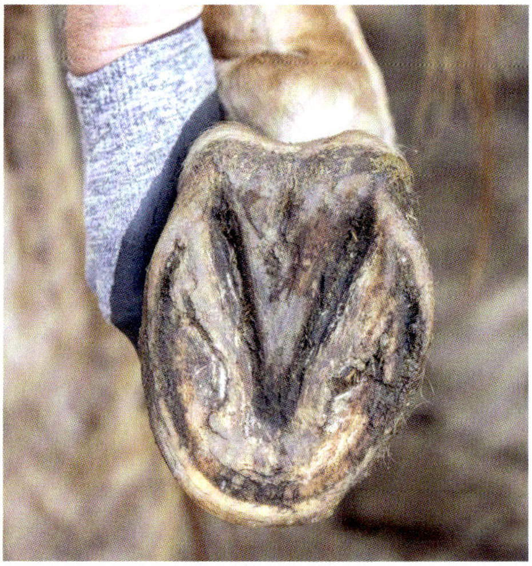

Flacher Huf mit längerem Strahl und verengten Strahlfurchen

Fall 2: Zu lange, flache Hufe. Die Hufe deines Pferdes sind lang und flach. Von der Seite angeschaut, wirkt die Zehe wie ein langer Schabel. So wie die Hufkapsel sieht auch der Hufstrahl aus: Er ist lang und schmal. Der hintere Hufbereich ist wie bei einem Zwanghuf eng. Die Trachten sind nach vorne Richtung Zehe untergeschoben. Besteht das Problem bereits länger, können die Trachten auch eingerollt sein und die Trachtenwand nach innen Richtung Strahl kippen. Das Auffußen wird immer unbequemer und schmerzhafter für dein Pferd. Der Strahl kann keine stoßdämpfende Wirkung mehr leisten. Beim Abfußen wirkt die lange Zehe wie ein Hebel und dein Pferd braucht mehr Muskelkraft, um sich vorwärts zu bewegen.

Abhilfe: Eine ungünstige Gliedmaßenstellung und ungünstiges Training können dazu führen, dass die Hufe deines Pferdes immer länger und flacher werden. Lange Bearbeitungsintervalle oder unzureichende Hufbearbeitung verschlechtern die ungünstige Hufsituation noch zusätzlich. Wenn kürzere Intervalle keine deutliche Verbesserung zeigen, ist ein permanenter Hufschutz für dein Pferd unter Umständen notwendig. Der Abrollpunkt kann mittels permanentem Hufschutz deutlich zurückgesetzt und die Trachten mit einem Polster gestützt werden, um so das Abfußen für dein Pferd zu erleichtern. Ohne permanenten Hufschutz kannst du neben den kürzeren Intervallen die Hufe zwischendurch immer wieder selbst korrigieren. Lasse dir von deinem Hufbearbeiter zeigen, an welchen Stellen du den Huf bearbeiten kannst.

Fall 3: Zu viel Gewicht. Dein Pferd ist ein schweres Pferd, z. B. ein Kaltblut, oder hat deutlich Übergewicht. Die Hufe können diesem Druck nicht dauerhaft standhalten. Der übermäßige Druck auf die Hufkapsel und den Hufstrahl führt dazu, dass der Strahl regelrecht plattgedrückt wird. Das Strahlhorn drückt sich über die seitlichen Strahlfurchen hinüber. Das erschwert nicht nur das Auskratzen, sondern bietet Keimen, Bakterien und Pilzen eine größere Angriffsfläche, um in das Strahlhorn einzudringen.

Abhilfe: Ist dein Pferd übergewichtig, überprüfe seine Haltungs- und Fütterungsbedingungen. Eine 24/7-Weidehaltung ist nicht für jedes Pferd geeignet und kann zu weiteren Erkrankungen führen. Aber auch ohne Übergewicht ist es für die Hufe von schweren Rassen schwieriger, dem Druck standzuhalten. Hier kann ein permanenter Hufschutz helfen, den übermäßigen Druck gleichmäßiger zu verteilen. Lasse dich von einem Experten beraten. Auch ist auf eine gründliche Strahlhygiene zu achten.

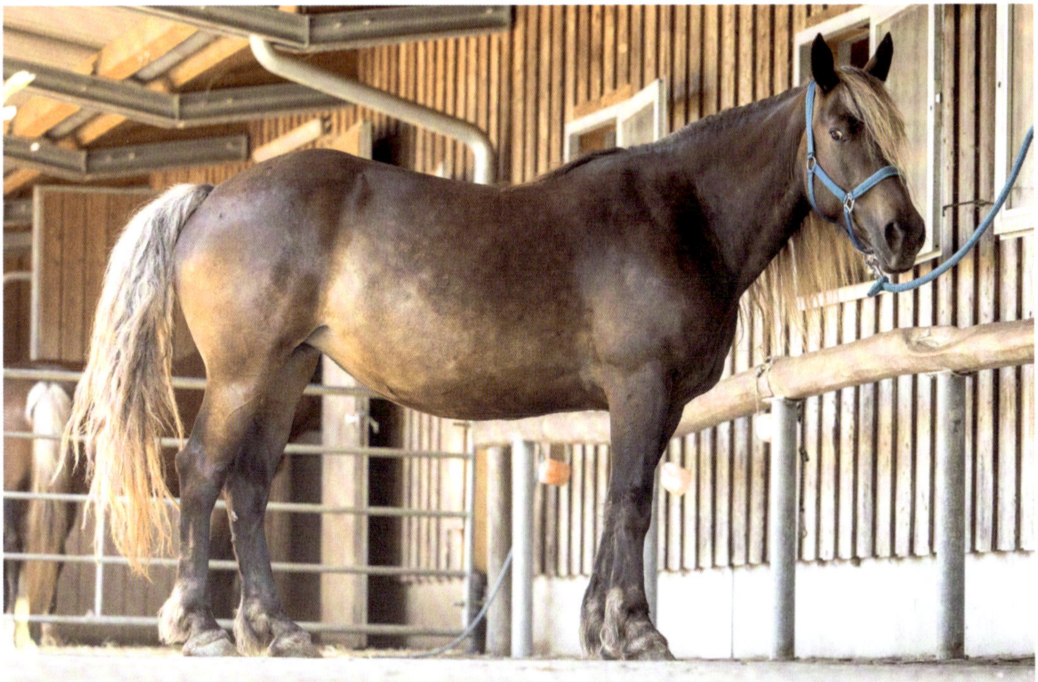

Übergewichtiges Pferd

STRAHLFÄULE BEHANDELN

Strahlfäule ist eine der häufigsten Hufprobleme bei Pferden. Fehlende Bewegung, eine schlechte Hornstruktur oder ungünstige Haltungsbedingungen fördern ihre Entstehung. Strahlfäule kannst du gut behandeln. Sie entwickelt sich oft in der mittleren Strahlfurche, aber auch andere Bereiche können betroffen sein.

1 Mit dem Hufkratzer kannst du testen, wie tief sich die Strahlfäule in die Strahlfurche hineinzieht. Sei dabei vorsichtig, Strahlfäule kann schmerzhaft sein.

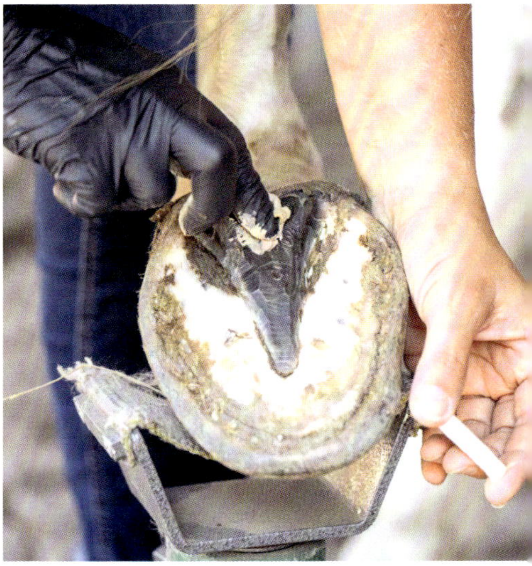

2 Nimm ein geeignetes Pflegemittel und trage es auf den betroffenen Bereich auf. Decke die mittlere Strahlfurche gut und vollständig ab.

3 Lege eine Tamponade auf die mittlere Strahlfurche. Dental-Tamponaden eignen sich sehr gut dafür.

4 Drücke die Tamponade vorsichtig in die mittlere Strahlfurche ein. So erreicht das Pflegemittel die tieferen Bereiche der Fäulnis.

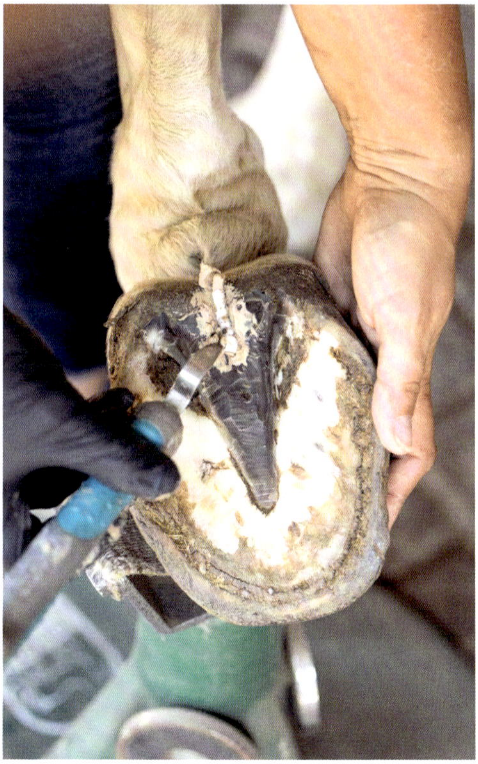

5 Geht die Strahlfäule tiefer, kannst du auch eine weitere oder mehrere Tamponaden in die mittlere Strahlfurche einbringen.

6 Überdecke die Tamponade mit deinem Pflegemittel. Du musst nicht täglich wechseln. Erneuere die Tamponade ein- bis zweimal in der Woche.

ECKSTREBENPROBLEME

Die Funktion der Eckstreben ist vielfältig. Sie dienen beispielsweise der Abgrenzung der Sohlenfläche zum Strahl oder geben dem Huf im hinteren Bereich mehr Stabilität.
Die wohl wichtigste Funktion der Eckstreben ist die Feinjustierung des Hufmechanismus. Betrachtest du die Position der Eckstreben, dann erkennst du, dass sie genau an der Schnittstelle zwischen Huf und Gliedmaße liegen.
Wie ein feines Scharnier justieren die Eckstreben die Kräfte, die von der Gliedmaße auf den Huf wirken. Unter dem Einfluss der Eckstrebe erhält die Hufkapsel bei Be- und Entlastung ihre individuelle Form. Dabei reagieren sie sehr schnell und sensibel.
Dies ist auch der Grund für die vielen Eckstrebenprobleme. Leider wird die Wichtigkeit der Eckstreben bisher noch viel zu selten ausreichend berücksichtigt.

MERKE

Es gibt ein Winkelverhältnis zwischen Trachtenwand und Eckstrebenwand. Eine steile Trachtenwand besitzt eine steile Eckstrebenwand. Eine flache Trachtenwand besitzt eine flache Eckstrebenwand.

Beim Blick in die Hornkapsel kannst du zwei bogenförmige Leisten erkennen. Sie sind der obere Bereich der Eckstreben. Von hier wird Eckstrebenhorn gebildet und in die Sohle geschoben.

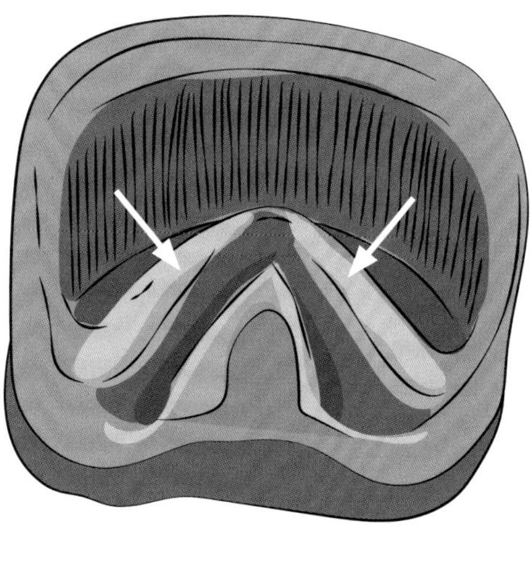

Eckstreben und Hufmechanismus

Belastet das Pferd den Huf, dann weitet er sich. Dabei spielen die Eckstreben eine wichtige Rolle. Sie geben Belastungsdruck an die Hufwand weiter. Je nach Struktur oder Bearbeitung der Eckstrebe ist die Kraft- und Druckübertragung auf die Hufkapsel unterschiedlich. Es gilt:
– Ist die Belastung der Eckstreben gleichmäßig, öffnet sich die Hufkapsel gleichmäßiger.
– Ist die Belastung der Eckstreben unterschiedlich, öffnet sich die Hufkapsel ungleichmäßiger.

Eckstrebenbearbeitung

Fall 1: Steiler Huf – beidseitig aufrecht stehende, steile Eckstreben. Eckstreben, die aufrecht stehen, sind sehr stabil und schränken den Hufmechanismus ein. Häufig kannst du tiefe, seitliche Strahlfurchen erkennen und der Strahl ist zurückgebildet. Nicht selten kann auch Strahlfäule vorhanden sein.
Die Ursache für diese Situation ist ein enger, hinterer Hufbereich mit hohen

Trachten. Steile und hohe Trachtenwände führen zu steilen Eckstreben. Mögliche Ursachen sind:

- rückständige Gliedmaßenstellung
- angeborener oder erworbener Bockhuf
- fehlende Bewegungsmöglichkeiten oder Bewegungsanreize
- Erkrankungen, die zur Entlastung der hinteren Hufstrukturen führen.
- Fehler in der Aufzucht

Abhilfe: Grundsätzlich kannst du dem Huf zu einem besseren Hufmechanismus verhelfen, wenn du die Eckstreben stärker kürzt, da sie in dieser Situation nicht zur Stabilisierung des hinteren Hufbereichs benötigt werden. Bei einer Fehlstellung oder Erkrankung sollte eine Korrektur nur nach vorheriger Abklärung und Absprache mit einem Experten vorgenommen werden, sonst kannst du die Situation für dein Pferd verschlimmern. Einem schlechten Strahlzustand kannst du durch eine bessere Hufhygiene und unterstützende Mittel entgegenwirken.

Fall 2: Flacher Huf – beidseitig flach liegende Eckstreben. Eckstreben, die flach auf der Sohle liegen, können keine stützende und stabilisierende Funktion mehr ausüben. Da Eckstrebenhorn stetig neu gebildet wird, besteht zudem die Tendenz zur Bildung einer falschen Sohle. Ist die Hufsohle

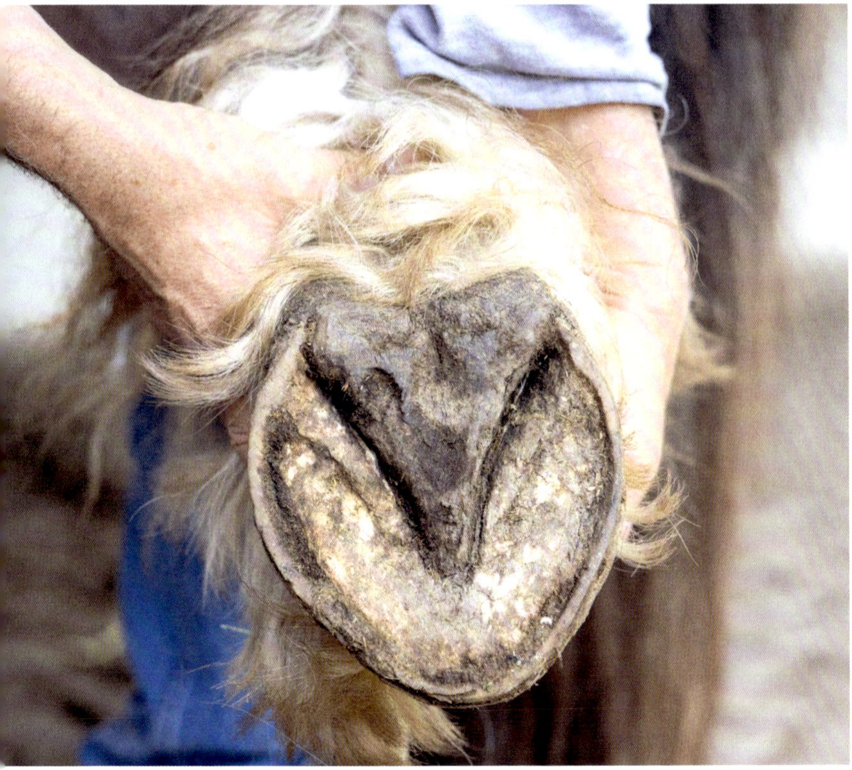

Ein Huf mit einem breiten Hufstrahl. Die seitlichen Hufwände sind flach nach außen gerichtet. In der Folge legen sich die Eckstreben auf die Sohle und verlieren ihre Stabilität.

Ungleich belasteter Huf. Die linke Eckstrebe ist steiler, die rechte Eckstrebe liegt auf der Sohle und ist flacher.

empfindlich, können flache (umliegende) Eckstreben, Druck auf die Hufsohle und die darunterliegenden Strukturen ausüben. Flach liegende Eckstreben folgen der Neigung der Trachtenwand. Daher sind in diesem Fall die Trachtenwände ebenfalls flach ausgebildet. Auch ist der gesamte Huf häufig zu flach. Das verweist auf eine Überlastung von Fesselträger und Beugesehnen.

Flach liegende Eckstreben sind häufiger anzutreffen als aufrecht stehende Eckstreben. Das liegt daran, dass viele Pferde zu flache Vorderhufe haben, verursacht durch:

– zu lange Bearbeitungsintervalle
– Bearbeitungsfehler, wie nicht passende Bearbeitung der Zehe oder zu starkes Kürzen der Trachten
– zu frühe Belastung bzw. Überlastung junger Pferde
– Übergewichtige Pferde, denn das zusätzliche Körpergewicht führt zu einer Überlastung der Last tragenden Strukturen.
– Haltung auf zu weichen Böden, denn hierbei sinkt der hintere Hufbereich stärker ein, was zu einer Überlastung führt.

Abhilfe: Die Kombination von flachen Eckstreben, flachen Trachtenwänden und zu langen flachen Hufen ist eine sehr schwierige Hufsituation. Hier ist die gesamte Statik der Gliedmaße und des Rumpfes in Mitleidenschaft gezogen. Versuche den Huf steiler zu stellen. Berunde die Zehe für ein besseres Abfußen. Denke über Beschläge, Hufschuhe oder Polster nach, die die Stützfläche stärken. Versuche mit deinem Tierarzt und Therapeuten die Statik der Gliedmaße durch begleitende Maßnahmen und ein angepasstes Training zu verbessern.

Fall 3: Ungleich belasteter Huf – flache und aufrecht stehende, steile Eckstrebe an einem Huf. Die Struktur der Eckstreben an einem Huf muss nicht immer gleich sein. Sehr häufig hat ein Huf eine stärker aufrecht stehende und eine flacher liegende Eckstrebe. Das zeigt dir, dass die Trachtenwände ebenfalls unterschiedlich belastet sind. Du findest eine flache Trachtenwand mit einer flachen Eckstrebe und eine steile Trachtenwand mit einer steilen Eckstrebe.

Abhilfe: Um die Balance des Hufes zu verbessern, gilt:

– Kürze die flachere Hufwand und die flachere Eckstrebe stärker.

– Kürze die steilere Hufwand und die steilere Eckstrebe weniger.

Damit der Huf mehr in Balance kommen kann, muss die flache Hufwand

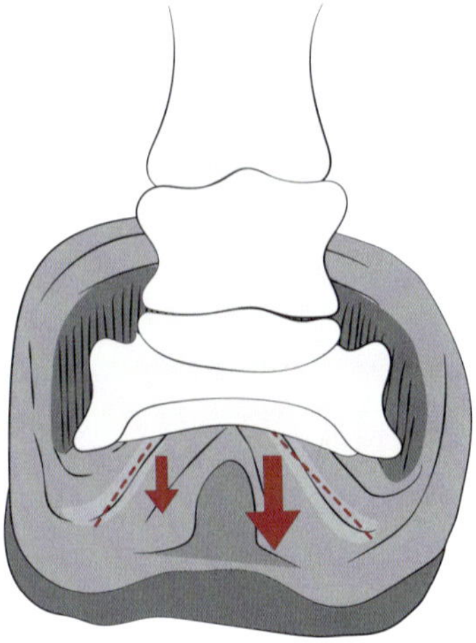

Schematische Darstellung: Eckstreben, die in einem flacheren Winkel stehen (rechts im Bild), bieten weniger Widerstand. Bei Belastung üben Hufbein und Kronbein über das Bindegewebe Druck auf die Eckstrebenleiste aus.

MERKE

Hufe mit unterschiedlichen Eckstreben sind immer ungleich belastet. Je stärker der Unterschied zwischen den Eckstreben ist, desto stärker ist die Ungleichbelastung.

In nicht ausreichend bearbeiteten Trachten-Eckstrebenwinkeln entwickeln sich gerne Hufgeschwüre.

mehr belastet werden, damit sie steiler werden kann. Mehr Druck auf die flache Hufwand wird auch dann ausgeübt, wenn die Eckstrebe weniger Widerlager für das bei Belastung in den Huf einsinkende Kronbein bietet. Kürze deshalb die Eckstrebe in diesem Bereich stärker.
Die steile Hufwand sollte weniger belastet werden, damit sie flacher werden kann. Weniger Druck auf die steile Hufwand wird auch dann ausgeübt, wenn die Eckstrebe dem einsinkenden Kronbein mehr Widerlager bietet. Kürze daher die Eckstrebe in diesem Bereich weniger.

Eckstreben lesen

Oft findest du in der Eckstrebenwand feine Linien. Dabei handelt es sich um eine sogenannte Stresslinie. Die Stresslinie entsteht, wenn sich eine Eckstrebe unter dem Bodengegendruck in Richtung Sohle umlegt. Eine Stresslinie ist in diesem Sinne eine durch Überlastung hervorgerufene „Knickkante" in der Eckstrebe. Eine Eckstrebe kann mehrere Stresslinien zeigen.
Du kannst Stresslinien für die Bearbeitung nutzen. Suche dir die Stresslinie heraus, die zur Länge der Trachtenwand passt, und bearbeite die

Knickkanten oder Stresslinien in der Eckstrebe sind Überlastungslinien. Die Eckstrebe knickt entlang dieser Linie bei Überlastung auf die Sohlenfläche um. Da Eckstrebenhorn beständig gebildet wird, entstehen häufig parallel verlaufende Linien.

Eckstrebe entlang dieser Linie. Die passende Länge der Trachtenwand ergibt sich dabei aus dem passenden Fesselstand des Hufes. Die passende Stresslinie läuft direkt auf diesen Punkt zu.

Huf mit wenig Eckstrebenhorn

Fehlende Eckstreben

Es gibt Hufe, bei denen die Eckstreben kaum ausgebildet sind. Meistens handelt es sich um flache Hufe mit dünnem oder schlechtem Wandhorn. Das überträgt sich auf die Eckstrebe. Sie ist wenig stabil, zeigt mitunter einen wellenförmigen Verlauf und bricht heraus.

Abhilfe: Versuche die Hornstruktur zu verbessern. Überprüfe die Bewegung, Haltung und Fütterung deines Pferdes. Verbessert sich die Hornstruktur, entwickeln sich auch stabilere Eckstreben. Prüfe auch, ob der Huf zu flach steht und steiler gestellt werden kann.

MERKE

Wenn du diesen Gedanken weiterdenkst, erkennst du, dass die Eckstreben genauso wie die Hufwände, nach dem passenden Hebel-/Stützverhältnis (Fesselstand) des Hufes bearbeitet werden müssen.

Eckstreben mit stufenartigen Knickkanten (Stresslinien)

HUFWANDPROBLEME

Aufbau der Hufwand

Die Hufwand ist eine feste, stabile Struktur, die hauptsächlich aus dem Protein Keratin und Wasser besteht, und so das Hufinnere vor Umwelteinflüssen schützt. Zusammen mit der Hufsohle bildet sie die Hufkapsel. Durch die Bewegung des Pferdes unterliegt die Hufwand einem ständigen Abrieb und wird deshalb kontinuierlich neu gebildet. Damit die Hufwand ihre Aufgaben erfüllen kann, benötigt sie eine gute Struktur und Form.

Im Normalfall zeigt die Hufwand eine leichte Neigung nach außen. Das bedeutet, dass der Wandumfang im Kronrand enger ist als im Tragrandbereich. Rassetypisch können diese Unterschiede weniger oder stärker ausfallen.

Windrisse

Windrisse sind dünne, oberflächliche Risse und verlaufen linienartige in der Hornwand. Du kannst einen Windriss daran erkennen, dass er kaum in den Tragrand hineinreicht.

Windrisse sind als feine Linie in der Hornwand zu erkennen.

MERKE

Bei der Beurteilung von Hornspalten musst du zwischen Ursache und Wirkung unterscheiden! Beseitigst du die Ursache nicht, kann der Hornspalt nicht herauswachsen, sondern reißt stetig weiter ein.

Um das zu überprüfen, rasple am aufgehobenen Huf leicht über den Tragrand. Hast du einen Windriss, erstreckt er sich kaum mehr als 1 mm von außen in die Hufwand hinein.
Abhilfe: Windrisse sind unbedenklich. Da der Huf jahreszeitlichen Schwankungen unterliegt, treten Windrisse in trockenen Monaten verstärkt auf. Häufen sich die Windrisse, kann das ein Hinweis auf einen zu starken Wechsel von nassen und trockenen oder generell zu trockenen Haltungsbedingungen sein. Auch eine strukturelle Schwäche des Horns ist denkbar. Bei bestimmten Pferden wie Tinkern oder Kaltblütern treten Windrisse häufiger auf.

Zehenhornspalt

Diesen Hornspalt findest du mittig im Zehenbereich des Hufes. Hier sind zwei Ursachen am häufigsten:
Fall 1: Hornspalt durch Hebelwirkung. Der Hornspalt beginnt im unteren Tragrandbereich. Er kann die Hornwand ganz durchdringen und teilweise bis in die Weiße Linie reichen. Die Größe und Höhe des Hornspaltes kann unterschiedlich sein. Meist erstreckt er sich im unteren Drittel bis etwa zur Hälfte der Hufwandhöhe. Dieser Hornspalt tritt häufig bei flachen Hufen auf. Ist ein Huf sehr flach, entsteht beim Abfußen ein erhöhter Druck auf die Hufwand. Ist dieser Druck zu groß, gibt die Hufwand nach. Die Spannung entlädt sich und es bildet sich ein Hornspalt. Schlechte Hornqualität erhöht die Gefahr der Bildung von Hornspalten. Zu lange Bearbeitungsintervalle können die Rissbildung verstärken.

Windriss endet in geschädigter Hornstruktur.

Zehenhornspalten entstehen gerne in der Hufmitte. Ihre Bildung wird durch zu flache Hufe begünstigt. Sie können aber auch infolge von Verletzungen am Kronrand auftreten.

Abhilfe: Dieser Hornspalt ist eine Wirkung von zu flachen Hufen. Du solltest daher versuchen, den Huf steiler zu stellen. Das Steilerstellen vermindert den Hebeldruck beim Abfußen. Prüfe jedoch zuerst, ob ein Steilerstellen des Hufes überhaupt möglich ist, ohne das Pferd im Zehenbereich fühlig zu bearbeiten.
Du solltest auch versuchen, den Hornspalt aus dem Hebeldruck beim Abfußen zu nehmen. Dafür kannst du den Hornspalt seitlich öffnen. Bereiche im Hornspalt, die erkennen lassen, dass sich das Hufhorn bereits zersetzt hat und Fäulnis entstanden ist, kannst du ebenfalls entfernen.
Tritt ein Hornspalt in Verbindung mit schlechter Hornqualität auf, überprüfe die Fütterung und die Haltungsbedingungen deines Pferdes.
Fall 2: Hornspalt durch Anschlagen. Der vordere Hufbereich ist anfällig für Verletzungen. Zieht sich ein Pferd in der Bewegung eine Verletzung im Kronrandbereich zu, kann dies ebenfalls zur Bildung von Hornspalten führen. Diesen Hornspalt erkennst du daran, dass er nicht zwangsläufig mit einem flachen Huf zu tun hat. Oft ist der Hornspalt direkt unter dem Kronrand als feine Linie zu erkennen, die sich erst im Tragrandbereich zu einem Hornspalt öffnet.
Eine häufige Ursache für das Anschlagen sind Bewegungsprobleme, die das Pferd schlechter Abfußen lassen. Auch ein altersbedingtes verzögertes Abfußen ist eine häufige Ursache.
Abhilfe: Überprüfe die Haltungsbedingungen auf Kanten und Vor-

MERKE

Ein blutiger Hornspalt ist ein Notfall für den Tierarzt!

MERKE

Flache Hufe erschweren es, Hornspalten, die durch Anschlagen im Kronrandbereich verursacht worden sind, unter Kontrolle zu halten.

sprünge, an denen sich dein Pferd verletzen könnte. Es ist nicht immer möglich, den Hornspalt und seine Ursache zu beseitigen. Ist die Schädigung im Kronenrand nachhaltig, ist es kaum möglich, dass sich der Bildungsbereich wieder regeneriert. Das Horn kann damit grundsätzlich nicht mehr in einer gesunden Struktur nachwachsen. Hier geht es darum, die Spaltenbildung im Tragrand zu unterbinden und zu kontrollieren, indem du den Hornspalt aus der Belastung beim Abfußen nimmst. Dafür kannst du den Hornspalt reinigen und geschädigtes Horn entfernen. Den unteren Tragrandbereich kannst du durch Berunden aus dem Druck nehmen.

Fall 3: Seitlicher Hornspalt. Hornspalten, die sich in der Seitenwand des Hufes befinden, entstehen durch Ungleichbelastung. Je nach Lage des Hornspaltes sind die Ursachen unterschiedlich.

Hornspalten in entlasteten, flachen Hufwänden:

– Sitzt der Hornspalt in einer flachen Hufwand, ist die Ursache eine zu lange Hufwand.

– Ist der Hornspalt auf der Außenseite des Hufes, ist diese Hufwand länger und flacher als die innere Hufwand.

– Ist der Hornspalt auf der Innenseite des Hufes, ist diese Hufwand länger und flacher als die äußere Hufwand.

In beiden Fällen gilt: Wendet das Pferd in seitlichen Bewegungen über diese flache Wand ab, ist der Druck auf diese Hufwand besonders groß, sodass sie aufreißt und einen Hornspalt bildet.

Abhilfe: Kürze die flachere Hufwand, um die Balance des Hufes zu verbessern. Dadurch reduzierst du den Druck auf die Hufwand in Wendungen.

Hornspalten in überlasteten, steilen Hufwänden:

Hornspalten können sich auch in stärker belasteten Hufwänden bilden. Bei einer steil vom Kronrand herunter wachsenden Hufwand, entsteht ein Belastungsdruck auf den unteren Tragrandbereich. Dieser kann sich dadurch nach außen oder auch nach innen verbiegen. In diesem Hufbereich kann durch die Überlastung ein Hornspalt entstehen.

Abhilfe: Versuche, die Belastung der überlasteten Wand zu reduzieren. Häufig erreichst du dies, wenn du den Tragrand auf der gegenüberliegenden Wand kürzt.

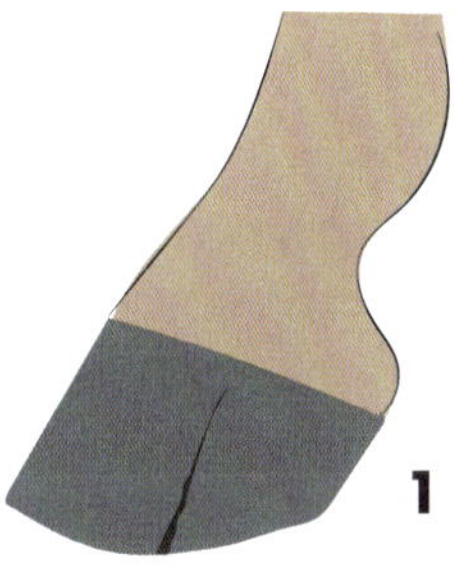

1

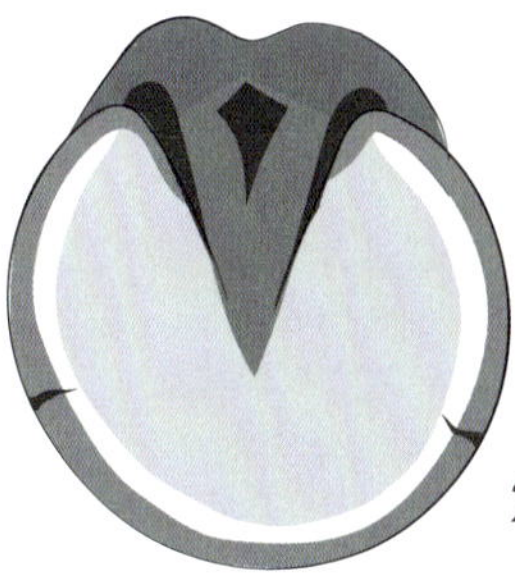

2

1 Hoch verlaufender Hornspalt

2 Hornspalten, die die komplette Hufwand durchdringen und sich bis in die weiße Linie erstrecken.

HORNSPALT BEARBEITEN

Hornspalten haben viele Ursachen. Neben zu langen Bearbeitungsintervallen, zu wenig Bewegung bei fehlendem Anrieb sind sie oft ein Zeichen für eine ungünstige Balance des Hufes. Treten Hornspalten auf, kannst du mit einfachen Raspeltechniken die Zeit bis zum nächsten Bearbeitungstermin überbrücken.

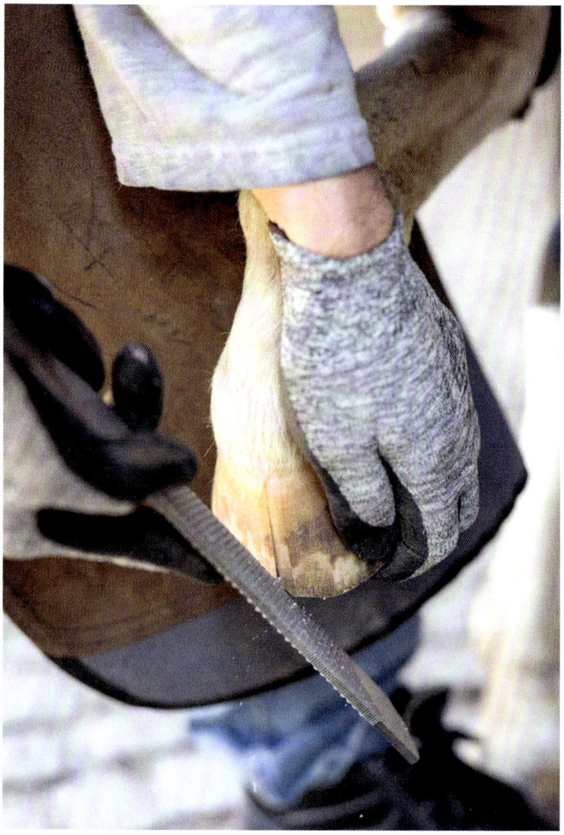

1 Öffne mit der Kante der Hufraspel den Spaltbereich im Tragrand. Führe die Raspel leicht schräg, sodass eine v förmige Öffnung entsteht.

2 Statt mit einer Raspel kannst du auch mit einem Hufmesser den Tragrandbereich öffnen.

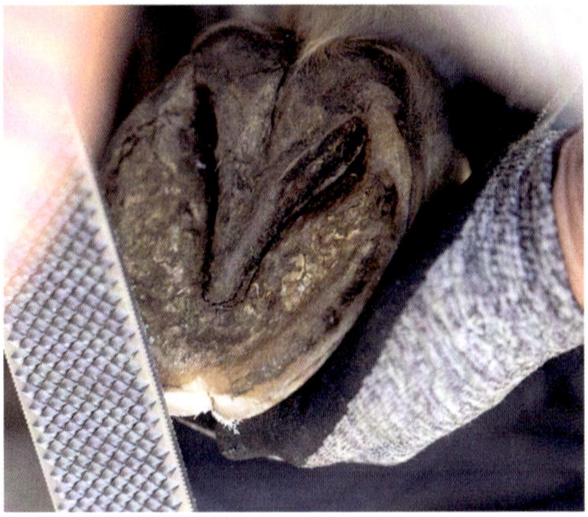

3 Hebe den Huf auf und schräge auch den Tragrandbereich an, der im direkten Bodenkontakt ist.

4 Berunde die Kanten der v-förmigen Öffnung. Damit verhinderst du, dass beim Abfußen zu viel Druck auf den Tragrand übertragen wird.

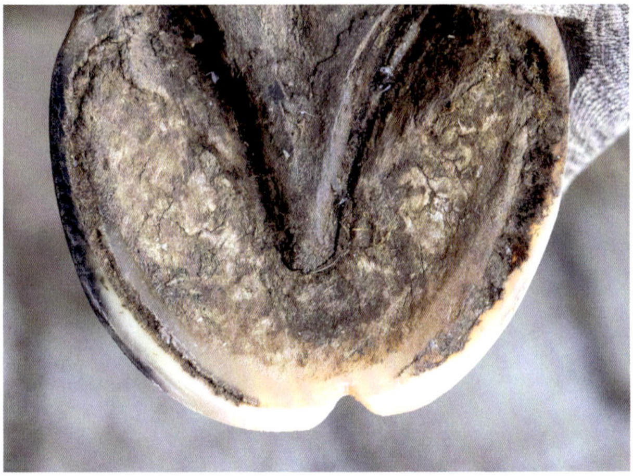

5
Berunde den Tragrand im Zehenbereich. So kann dein Pferd abfußen, ohne dass weitere Spannungskräfte auf den Hornspalt wirken.

6
Bearbeite mit der Raspel zu flache Wandbereiche. Entferne mit Raspel oder Hufmesser das durch Fäulnis geschädigte Wandhorn.

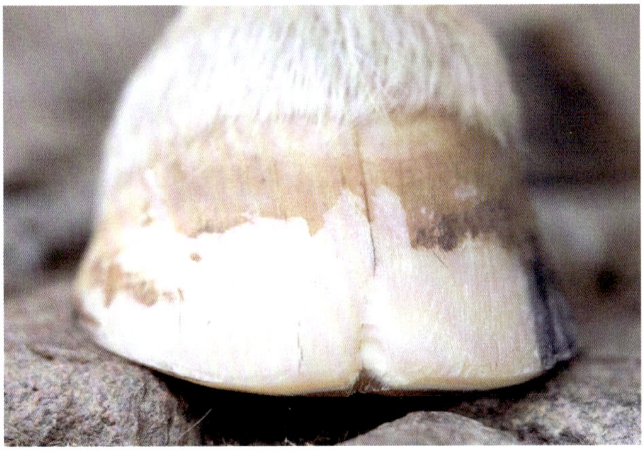

Hornkluft

Verläuft ein Hornspalt nicht vertikal, sondern horizontal, spricht man von einer Hornkluft. Eine Hornkluft entsteht durch Verletzung oder Reizung im Kronrand. Sie kann ein längliches oder punktförmiges Aussehen haben. Häufig tritt eine Hornkluft als Folge eines Hufgeschwürs auf, das sich im Kronrandbereich geöffnet hat. Eine weitere Ursache sind Hämatome, die durch einen Schlag auf die Hufwand oder den Kronrand entstehen, was z. B. als Kronentritt bezeichnet wird. Baut sich das Hämatom ab, bleibt ein hohler Bereich in der Hufwand zurück, der aufbrechen und eine Hornkluft bilden kann.

Abhilfe: Da sich eine Hornkluft erst nach einem Kronrandproblem oder einem Schlag auf die Hufwand bildet, ist eine direkte Behandlung nicht möglich. Versuche die Ursache, die zu dieser Verletzung geführt hat, zu finden und zu beheben. Eine Hornkluft wächst von alleine in Richtung Tragrand herunter. Erreicht sie den Tragrand, kannst du diesen Bereich kürzen und ihn so in eine Schwebe zur Entlastung nehmen.

Tragrandüberstand

Das Pferd bildet stetig neues Hufhorn. Wächst das Hufhorn über das Niveau der Hufsohle hinaus, entwickelt sich ein sogenannter Tragrandüberstand. Er kann verschieden stark ausgebildet sein. Sowohl zu viel als auch zu wenig Tragrandüberstand können problematisch sein.

Fall 1: Zu viel Tragrandüberstand. Entwickelt sich zu viel Tragrandüberstand, beginnt der Tragrand auszubrechen. Er bekommt Risse und verbiegt

MERKE

Zeigt sich in einer Hornkluft noch ein aktives Verletzungsgeschehen, ist eine tierärztliche Behandlung erforderlich.

Herauswachsende Hornkluft

Huf mit deutlichem Tragrandüberstand

Tipp

Je weicher der Boden ist und je weniger sich das Pferd bewegt, desto mehr Tragrandüberstand kann entstehen.

sich. Dadurch kann der Huf aus der Balance geraten und dein Pferd hat Probleme, ein normales Laufverhalten zu entwickeln. Ist die Hufwand im Zehenbereich zu lang, erschwert sich das Abfußen in gerader Bewegungsrichtung. Ist die seitliche Hufwand zu lang, erschwert sich das Abwenden.
Abhilfe: Verbessere zunächst die Haltungsbedingungen. Sorge für abwechslungsreiche Böden. Erarbeite einen Bewegungsplan für dein Pferd. Achte auf kürzere Bearbeitungsintervalle. Wird der Tragrandüberstand zwischen den Bearbeitungsintervallen zu lang, kürze mit einer Raspel oder auch einer Hufschneidezange das überschüssige Horn.

Fall 2: Zu wenig Tragrandüberstand. Auch zu wenig Überstand kann nachteilig für dein Pferd sein. Ist der Tragrand auf Sohlenhöhe und die Hufsohle nur wenig gewölbt, geht dein Pferd sehr wahrscheinlich fühlig. Zu wenig Überstand schränkt auch die Möglichkeiten ein, ungünstige Hufsituationen durch eine Bearbeitung zu korrigieren.
Abhilfe: Bewegt sich dein Pferd zu viel auf harten Böden, schaue, ob du ihm weichere Böden für weniger Hornabrieb anbieten kannst. Geht dein Pferd fühlig, solltest du über einen Hufschutz nachdenken. Auch Produkte, die die Hufsohle stärken, können zusätzlich helfen. Eine gute Möglichkeit sind Hufschuhe, die du für einen bestimmten Zeitraum nutzen kannst, z. B. zum Ausreiten.

MERKE

Während ein Tragrandüberstand an der Zehe die Sehnen oder den Fesselträger überlastet, schaden seitliche Überstände stärker den Bändern und den Gelenken.

PFERDE IN BEWEGUNG

Gestalte Laufwege unterschiedlich. Abwechslungsreiche Trails halten nicht nur die Hufe, sondern dein ganzes Pferd fit.

LEVEL 4

Hufprobleme durch Stoffwechselstörungen und Haltung

Hufhorn wird permanent nachgebildet. Daher beeinflusst der Stoffwechsel maßgeblich die Qualität und Struktur des Hufhorns. Aber auch die Haltung hat einen wichtigen Einfluss.

Tipp

Nutze Bewegungssensoren, um die tägliche Laufstrecke deines Pferdes festzustellen.

SCHLECHTE HUF- UND HORNSTRUKTUR

In der Regel sind Fütterungs- oder Haltungsfehler der Grund für eine Stoffwechselstörung. Fehlen deinem Pferd wichtige Nährstoffe, kann kein stabiles und gesundes Horn gebildet werden. Schlechte Bodenverhältnisse, mangelnde Hygiene und fehlende Bewegung schaden den Hufen zusätzlich.

Siehst du brüchiges, bröseliges Horn, Risse und Rillen entlang der Hufkapsel, ist das immer ein Alarmsignal. Siehst du diese Veränderungen über einen längeren Zeitraum, auf mehreren oder allen Hufen, dann kann das ein Hinweis für ein grundlegendes Stoffwechselproblem sein.

Fütterung und Bedarf überprüfen

Dein Pferd benötigt eine ausgewogene und vor allem passende Ernährung, um gesund und leistungsfähig zu bleiben. In der Pferdefütterung wird zwischen Grundfutter, also Raufutter, wie z. B. Heu, und Zusatzfutter, wie z. B. Kraftfutter und Mineralfutter, unterschieden. Neben Heu,

Heulage und Stroh zählt auch das Gras auf der Weide als Raufutter. Raufutter ist rohfaserreich und deshalb besonders wichtig für den Magen-Darm-Trakt des Pferdes. Die empfohlene Mindestmenge für Raufutter beträgt 1,5 bis 2 kg pro 100 kg Lebendmasse des Pferdes. Wenn dein Pferd 500 kg wiegt, solltest du ihm mindestens 7,5 kg bis 10 kg Raufutter über den Tag verteilt anbieten. Bei großer körperlicher Anstrengung kann dein Pferd auch mehr Raufutter bekommen.

Hat dein Pferd eine Stoffwechselstörung oder ist es übergewichtig, muss auch der Zuckergehalt des Futters beachtet werden. Das gilt für Raufutter, ebenso wie für Zusatzfutter. Folgende Zuckerwerte in der Trockenmasse (Heu) sind sinnvoll:

– gesundes Pferd zwischen 8 bis 12 %
– Robustrassen bis 8 %
– Pferde mit Stoffwechselproblemen und Hufrehe bis 6 %

Weide

Der Anteil an Pferden mit Übergewicht und Stoffwechselstörungen hat in den letzten Jahrzehnten stark zugenommen. Grund dafür ist eine Veränderung in der Zusammensetzung der

Je abwechslungsreicher eine Weide ist, desto besser für dein Pferd.

Weidegräser. Mittlerweile bestehen die meisten Weiden aus einer Monokultur einzelner Gräser, was für Pferde eigentlich ungeeignet ist. Das stellt uns alle vor große Herausforderungen in der Pferdehaltung.

Heu

Pferde, die ausschließlich mit Heu gefüttert werden, können auch bei bestem Heu und ausreichender Fütterungsmenge eine Unterversorgung an Nährstoffen haben, denn Heu ist ein Naturprodukt und unterliegt natürlichen Schwankungen in seinem Nährstoffgehalt. Je nach Art und Nutzung des Bodens können die Nährwerte unterschiedlich sein. Ein früher oder späterer Schnittzeitpunkt sowie die richtige Lagerung beeinflussen die Inhaltsstoffe und die Heuqualität ebenfalls. Mit Heunetzen kannst du die täglichen Fresszeiten für das Pferd individuell verlängern.

MERKE

Lasse dich von einem erfahrenen Futterexperten beraten, der einen Fütterungsplan speziell für dein Pferd erstellt. Wenn es dir möglich ist, eine Heuanalyse durchführen zu lassen oder eine bestehende Heuanalyse einzusehen, kannst du noch genauer einschätzen, wie es um den Energie-, Zucker- und Eiweißgehalt und die Versorgung mit Spurenelementen und Mineralstoffen bestellt ist.

Stelle deinem Pferd ausreichend gutes Heu zur Verfügung.

Mineralfutter

Ein gutes, passendes Mineralfutter zuzufüttern, ist in der Regel sinnvoll. Dabei ist unbedingt auf eine hohe Qualität zu achten, damit dein Pferd die Mineralstoffe, Vitamine und Spurenelemente besonders gut aufnehmen und verwerten kann.

Futter richtig lagern

Eine hohe Qualität des Futters kann nur bestehen bleiben, wenn es auch richtig gelagert wird. Gutes Heu braucht einen gut durchlüfteten, trockenen Ort ohne direkte Sonneneinstrahlung. Dafür eignet sich beispielsweise eine Scheune oder ein Dachboden sehr gut. Die weit verbreitete Lagerung von Heuballen im Freien, auf Paletten mit Planen darüber, ist keine geeignete Lagerung für Heu! Denn das verursacht Schimmel. Schimmliges Heu kann leicht an einem pilzigen, modrigen Geruch identifiziert werden, selbst wenn kein Schimmel zu sehen ist. Sind weißliche,

1

Tipp

Die optimale Versorgung deines Pferdes mit Mineralstoffen, Vitaminen und Spurenelementen sollte unbedingt mit dem Grundfutter abgestimmt werden. Hat dein Pferd bereits Stoffwechselprobleme oder andere Erkrankungen, sollten diese immer miteinbezogen werden.

1 Kräuter gibt es in verschiedenen Zusammensetzungen. Damit kannst du die Nahrungssituation für dein Pferd optimal ergänzen.

2 Viele Mineralfutter gibt es heute auch als Pellets.

2

Bodennahe Fütterung mit Heu

MERKE

Gutes Heu erkennst du an einem duftenden Geruch und einer losen, trockenen Struktur. Zusatzfutter wie Kraftfutter und Mineralfutter solltest du kühl, trocken und dunkel lagern und zügig verfüttern. Am besten eignen sich dafür geschlossene Futtertonnen, damit keine Mäuse oder Lebensmittelmotten an das Futter gelangen können. Einige Mineralien, Vitamine und Spurenelemente können bei falscher oder zu langer Lagerung ihre Wirkung verlieren.

gräuliche oder bräunliche Stellen zu sehen, die ebenfalls unangenehm riechen, ist das ein eindeutiges Zeichen für Schimmelbefall. Entgegen der landläufigen Praxis ist das Entfernen der äußeren, sichtbar befallenen Schicht nicht ausreichend! Denn die Schimmelsporen befinden sich bereits im gesamten Heuballen und führen zu ernsthaften gesundheitlichen Schäden deines Pferdes. Typische Gesundheitsprobleme können Reizungen und Erkrankungen der Atemwege oder auch Verdauungsprobleme sein.

HUFSTRUKTUR ÜBERPRÜFEN

Ist die Fütterung und die Haltung nicht optimal für dein Pferd, wirkt sich das auf die Stoffwechselprozesse aus, die das Hufhorn bilden. In der Folge verändert der Huf sein Aussehen und seine Struktur. Folgende Auffälligkeiten geben dir Hinweise.

Ringe und Rillen

Veränderungen im Grundfutter zeigen sich oft in einer Ring- und Rillenstruktur am Huf. Ist das der Fall, siehst du mehr oder weniger stark ausgeprägte Ringe und Rillen am Huf deines Pferdes. Sie verlaufen einmal um den ganzen Huf herum und folgen oft dem Kronrandverlauf. Diese Ringe und Rillen entstehen, da der Huf stark durchblutet ist und sich so Störungen im Stoffwechsel schnell auf die Hornbildung auswirken.
Abhilfe: Prüfe deine Futterzusammensetzung und deinen Futterplan. Sind diese Faktoren optimiert, bilden sich beim Hornwachstum keine neuen Ringe mehr nach.

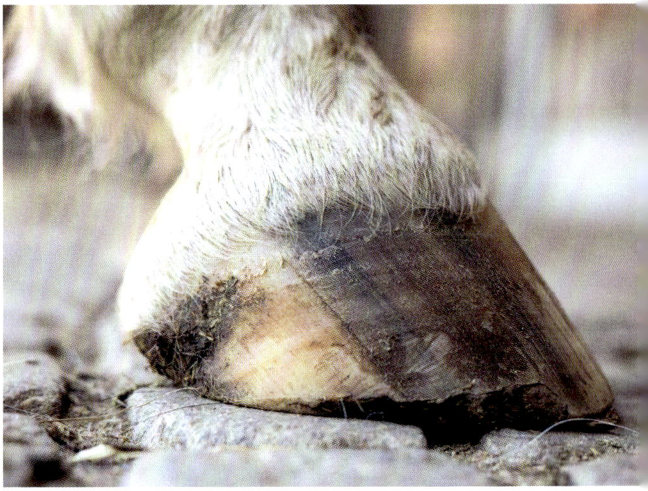

1

MERKE

Manchmal reicht schon ein Wechsel im Raufutter aus, um Ringe am Huf zu verursachen. Dies kann schon ein Heuballen einer neuen Ernte oder das Anweiden im Frühling sein. Aber: Nicht nur stoffwechselbedingte Ursachen sind Grund für deren Entstehung. Lange Hornwände können ebenfalls zu Stauchungsringen führen.

Futterringe

Dein Pferd wechselt nach entsprechender Anweidezeit auf die Sommerweide und bekommt nun frisches Gras statt Heu. Nach einiger Zeit kannst du auf allen Hufen gleichmäßige Ringe erkennen. Diese Ringe sind oberflächlich und kaum fühlbar.
Abhilfe: Weide dein Pferd noch langsamer an. Du kannst dein Pferd auch im Winter ab- und angrasen lassen, damit die Umstellung nicht so abrupt ist. Sobald es ans Anweiden geht, unterstütze dein Pferd, indem du ihm vor dem Weidegang zuerst Heu fütterst.

Einschnürungen und starke Rillen

Hat dein Pferd an den Hufen deutliche, kräftige Ringe oder Einschnürungen, ist das ein Warnsignal. Solche Veränderungen entstehen häufig aufgrund eines gestörten und entgleisten Stoffwechsels und können auf eine Hufrehe hindeuten.
Abhilfe: Überprüfe die Haltung, Fütterung und Hufbearbeitung. Ziehe gegebenenfalls einen Experten hin, um die Ursache finden und beheben zu können.

1 Eine brüchige Hornstruktur kann auf Ernährungsprobleme hinweisen.

2 Eine zu lange Hornwand kannst du an einer hoch gestauten Ringstruktur erkennen.

3 Gleichmäßig zum Kronrand verlaufende Ringe und Rillen.

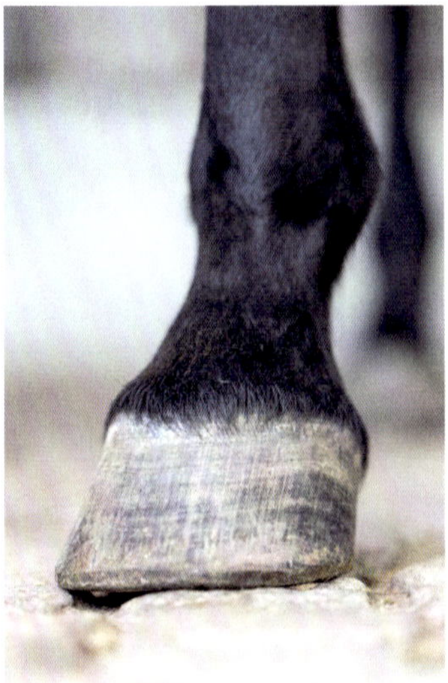

2

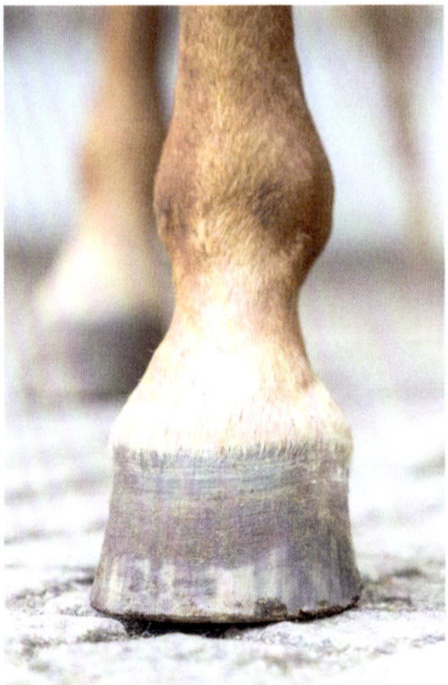

3

Ringe im Bereich des Zehenabweisers

Dein Pferd fußt nicht mehr regelmäßig, sondern einseitig ab. An der weniger genutzten Zehenwand entsteht ein flacher Wandbereich mit Zehenabweiser. Er wirkt wie ein langer Hebel. Durch den Druck, den er ausübt, schiebt sich die Hornstruktur nach oben in Richtung Kronrand. Dadurch wird die Hufwand gestaucht und in ihrer natürlichen Ausrichtung beeinträchtigt. Du siehst einen wellenartigen Ring um die Hufkapsel.
Abhilfe: Kürze den Zehenabweiser zwischen den Bearbeitungsintervallen. Lass dir von deinem Hufbearbeiter zeigen, wie du zwischen den Bearbeitungsterminen kleinere Korrekturen vornehmen kannst.

Blutwerte überprüfen

Hast du den Verdacht, dass dein Pferd eine Stoffwechselstörung haben könnte, solltest du die Blutwerte und den Allgemeinzustand deines Pferdes durch deinen Tierarzt überprüfen lassen. Das Blutbild gibt dir Aufschluss zur aktuellen Nährstoffversorgung sowie zu Leber- und Nierenwerten. Diese Entgiftungsorgane sind maßgeblich für die Stoffwechselprozesse im Körper verantwortlich. Sind sie überlastet, wirkt sich das auf die Haut- und Hornqualität aus.
Auch der Hormonhaushalt sollte überprüft werden. Insbesondere bei Stuten spielt er eine wichtige Rolle für den Stoffwechsel. Deutliche oder krankhafte Veränderungen im Hormonhaushalt sowie ein schwaches Immunsystem bringen den Stoffwechsel deines Pferdes durcheinander.

Tipp

Überprüfe die Vitalwerte (Puls, Atmung und Temperatur) bei einem Verdacht auf Hufrehe.

DER HORNSTRUKTUR HELFEN

Eine gute Haltungsform und eine optimale Nährstoffversorgung sind die Grundlage für leistungsfähige und gesunde Hufe. Du kannst die Hufe deines Pferdes aber noch zusätzlich unterstützen:

– Sorge für eine saubere, hochwertige Einstreu.

MERKE

Hufe verraten dir nicht nur den Belastungszustand, sondern geben dir auch Einblick ins Innere deines Pferdes. Für gesunde Hufe braucht dein Pferd ein optimales Zusammenspiel aus Fütterung, Haltung und Bewegung sowie Pflege und Hygiene, aber auch eine zielgerichtete Hufbearbeitung. Das schafft die Basis für starke und widerstandsfähige Hufe.

Deutliche Ringstruktur oberhalb des Zehenabweisers

Leistungsfähige Hufe tragen Pferde auf unterschiedlichen Böden.

– Miste den Bereich, an dem sich dein Pferd viel aufhält, mehrmals täglich ab.
– Säubere die Hufe täglich mit einem Hufauskratzer und einer Hufbürste.
– Verwende bei Bedarf Strahlpflegemittel, um Strahlfäule vorzubeugen.
– Mit einem guten Hufpflegemittel, aus natürlichen Ölen, kannst du den Kronrand pflegen, wenn er zu trocken ist.

FÜHLIGE PFERDE

Dein Pferd nimmt den Untergrund bei jedem Schritt wahr. Die Sinneszellen (Propriozeptoren) im hinteren Hufbereich reagieren auf Belastung, Druck und Vibration. Damit sind sie wichtige Fühler für die Körper- und Bewegungswahrnehmung deines Pferdes. Sie helfen ihm, Gleichgewicht und Bewegung zu koordinieren. Propriozeption findet im Bereich des Strahls, der Hufballen und der Trachten statt. Aber auch im Muskel-, Sehnen- und Bandgewebe befinden sich diese feinen Sinneszellen. Fußt dein Pferd auf, braucht es blitzschnell alle Informationen über die Beschaffenheit oder Veränderungen des Untergrunds. Nur so kann es sich sicher und effizient auf die Bodenverhältnisse einstellen. Stolpern oder Fehltritte können so präzise vermieden werden.

Wann wird aus fühlen fühlig?

Gerät ein Huf aus der Balance, kann er den Belastungen beim Auffußen nicht mehr standhalten. Dadurch werden einzelne Bereiche am Huf überlastet und dein Pferd wird fühlig. Das bedeutet, dass es diesen Huf nicht mehr schmerzfrei belasten kann. Geht dein Pferd fühlig, hat das weitreichende Konsequenzen und führt zu ernsthaften Problemen.

Fall 1: Physiologisch. Die sensiblen Bereiche des Hufes werden schmerzhaft. Hierzu gehören auch die für die Versorgung des Hufes wichtigen Lederhäute. Dein Pferd versucht diese Bereiche so wenig wie möglich zu belasten. Es bewegt sich weniger und verhaltener. Dadurch entstehen Verspannungen in der gesamten Muskulatur und den Sehnen. Auch die Gelenkstrukturen werden ungleich belastet.

Fall 2: Psychologisch. Dein Pferd merkt, dass das Auftreten, besonders auf harten Böden, schmerzhaft ist und versucht, diesen Bereichen auszuweichen und sich dort nicht aufzuhalten. Dies führt zu einer starken mentalen Anspannung und Stress. Dein Pferd hat Schwierigkeiten:

– Die Strecken zurückzulegen, die für eine ausreichende Nahrungsaufnahme erforderlich wären.

– Die Strecken zur Wasserquelle zurückzulegen, um seinen Durst zu stillen, was wiederum die Gefahr einer Verstopfungskolik erhöht.

– Der Herde zu folgen, wodurch seine Sozialkontakte eingeschränkt werden und sein Sicherheitsgefühl geschwächt wird.

– Seine nötige Fluchtdistanz auszuleben, wodurch es noch ängstlicher werden kann.

Nach hinten gerichtete Ohren, ein angespannter Gesichtsausdruck und „Sorgenfalten" über dem Auge sind typisch für ein Schmerzgesicht.

MERKE

Ein Pferd, das fühlig geht, geht mit Schmerzen!

Fühligkeit und die damit verbundene Auswirkung, besonders auf die Pferdepsyche, dürfen nicht unterschätzt oder verharmlost werden!

Fühligkeit erkennen

Nicht immer zeigt sich Fühligkeit in einem auffällig verhaltenen oder stockenden Gang. Die Anzeichen sind häufig unauffällig und erst auf den zweiten Blick erkennbar. Hierauf musst du achten.

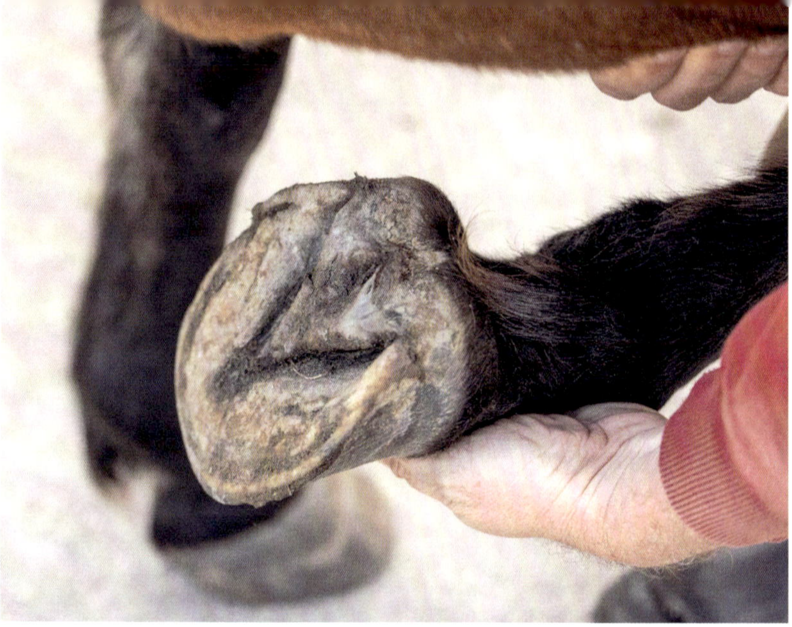

Eine geringe Sohlendicke und Sohlenwölbung erhöht die Gefahr, dass dein Pferd fühlig geht

Allgemeine Anzeichen für Fühligkeit

– Dein Pferd versucht, harte, unebene und steinige Böden zu meiden, läuft dort unwillig und auffallend langsam.
– Dein Pferd bewegt sich mit verkürzten Schritten, die weniger schwungvoll sind und stockend wirken, weil es Angst hat aufzutreten.
– Es wendet verzögert, also ungerne, ab, aus Angst einen Huf noch mehr zu belasten.
– Dein Pferd stolpert oder knickt beim Laufen um.
– Hals und Kopf sind „bergab" gerichtet und fest.
– Dein Pferd versucht, die betroffenen Hufe oder Hufbereiche zu entlasten.

Am Huf: Anzeichen für Fühligkeit

– Die betroffenen Hufe fühlen sich wärmer an.
– Die Sohle ist druckempfindlich, oft dünn.
– Die Sohle zeigt Rötungen und Einblutungen.

Tipp

Wenn du unsicher bist, ob dein Pferd fühlig sein könnte, kannst du das mit einer Abdrückzange testen. Dafür drückst du die Sohle behutsam ab. Teste dabei vor allem den Zehenbereich der Sohle. Ist der Druck für dein Pferd schmerzhaft, bemerkst du ein ruckartiges Wegziehen des Hufes. Hast du keine Abdrückzange zur Hand, versuche mit deinen Daumen etwas Druck auszuüben und schaue, ob sich die Sohle dabei verformt.

Ursachen für Fühligkeit

Es gibt viele Gründe, warum Pferde fühlig gehen. Neben einer unsachgemäßen Hufbearbeitung und einer unzureichenden Hufgesundheit gelten folgende Ursachen als „Klassiker", warum Pferde eine Fühligkeit entwickeln:

Fall 1: Schlechte Hufarchitektur. Hat dein Pferd eine dünne, flache und wenig gewölbte Sohle, kann das schnell zu einem fühligen Gang führen. Insbesondere auf harten Böden, die uneben oder steinig sind, kann diese Sohle keinen ausreichenden Schutz

Sucht dein Pferd den seitlichen Grasrand? Das kann ein Anzeichen für Fühligkeit sein. Stoffwechselprobleme können schlechte Hornstruktur und Fühligkeit bewirken.

bieten. Das Problem verstärkt sich, wenn gleichzeitig ein instabiler oder zu kurzer Tragrand ausgebildet ist.

Fall 2: Ungeeignete Haltungs- und Nutzungsbedingungen. Dein Pferd steht überwiegend auf einem abriebstarken, steinigen oder harten Boden. Die Hufe läuft es sich direkt ab und in der Sohle entwickeln sich Schwielen aufgrund von Überlastung. Weichen zudem anhaltend feuchte Böden das Hufhorn auf, entwickelt sich schnell eine Fühligkeit.

Auch ein Wechsel von sehr weichen auf sehr harte Böden kann zu einem vermehrten Abrieb und einer Fühligkeit führen. Wenn dein Pferd z. B. tagsüber auf einem weichen, tiefen Sandpaddock steht, bildet sich das Hufhorn aufgrund der Bodenbeschaffenheit weniger fest und stabil aus. Möchtest du dann mit deinem Pferd regelmäßig auf betonierten oder geschotterten Feldwegen ausreiten, kann der Huf der stärkeren Belastung durch die harten Böden nicht standhalten.

Fall 3: Umstellung auf Barhuf. Sind die Hufe deines Pferdes nach einer Beschlagsabnahme plötzlich zu starken Beanspruchungen ausgesetzt, können sie eine zeitweise oder dauerhafte Fühligkeit entwickeln.

Fall 4: Stoffwechselstörungen und Übergewicht. Eine mangelhafte Nährstoffversorgung sowie eine Leber- und Nierenüberlastung wirken sich direkt auf die Hornqualität aus. Das Hufhorn verliert seine Festigkeit und Stabilität. Es kann dein Pferd damit schlechter tragen. Ist dein Pferd zudem übergewichtig oder gibt es andere Stoffwechselerkrankungen, verstärkt sich dieses Problem und kann so zu einer Fühligkeit führen.

Fall 5: Erkrankungen. Durch Verletzungen, Erkrankungen oder Muskelverspannungen können verschiedene Hufe oder Hufbereiche überlastet werden. Der Huf kommt dabei schnell an seine Belastungsgrenze. Punktuelle Druckempfindlichkeiten, insbesondere auf der Sohle, können so zu einer Fühligkeit führen.

Fall 6: Unpassendes Equipment. Passt der Sattel deines Pferdes nicht mehr richtig, drückt er auf empfindliche Stellen an der Wirbelsäule oder der Muskulatur. Verspannungen sind die Folge. Dein Pferd kann sich nicht mehr wie gewohnt bewegen oder versucht Bewegungen zu vermeiden. Dadurch werden bestimmte Strukturen an den Gliedmaßen und den Hufen überlastet. Dies kann zu einer Fühligkeit führen.

Fall 7: Stress. Verschiedene Arten von Stress wirken sich nicht nur auf die Psyche deines Pferdes aus, sondern auch auf die gesamte Muskulatur und auch das hormonelle Gleichgewicht. Ein dauerhaft erhöhter Stresspegel kann das Immunsystem schwächen, die Regeneration verlangsamen und langfristig zu dauerhaften Verspannungen führen. Auch die Hufgesundheit leidet darunter. Gerät der Stoffwechsel aus dem Gleichgewicht, zeigt sich das oft zuerst an der Qualität des Hufhorns. Eine harmonische, beständige Herdenstruktur, ausreichend Platz und Bewegungsmöglichkeiten, vorhersehbare Tagesabläufe und ein Umfeld, in dem sich dein Pferd sicher und wohl fühlt, sind essenziell, um Stress zu vermeiden.

MERKE

Auch Probleme der Hinterhand können zu Fühligkeit auf der Vorhand führen. Beispiel: Drückt der Sattel im hinteren Bereich der Wirbelsäule oder seitlich auf die Rippen, versucht dein Pferd die Hinterhand weniger stark zu belasten. Die Vorhand muss mehr leisten und die Hufstruktur wird überlastet.

Rückständigkeit bei einem nicht passenden Sattel. Auch veränderte Bewegungsabläufe können zu Fühligkeit führen.

Fühligkeit reduzieren

Finde die Ursache, die zu der Fühligkeit deines Pferdes führt und versuche, sie zu beheben. Kannst du die Ursache nicht beheben, kann ein Hufschutz erforderlich werden.

Hufschutz

Ob dein Pferd barhuf laufen kann oder ob es zeitweise oder dauerhaft einen Hufschutz benötigt, hängt von seiner individuellen Situation ab. Lass dich von deinem Hufbearbeiter oder Hufschmied entsprechend beraten.

Hufschuhe: Dein Pferd braucht nur zum Ausreiten oder für das Training einen Hufschutz. Dann kommen Hufschuhe für euch infrage. Ein Hufschuhexperte kann dich beraten, welcher Hufschuh für die Hufe deines Pferdes passend ist.

Kunststoffbeschläge: Beschläge aus Kunststoff erhalten die Flexibilität der Hufkapsel und bieten dem Huf eine gute Stoßdämpfung. Kunststoffbeschläge können genau wie Hufeisen auf den Huf genagelt oder über das Ankleben von Laschen auf den Huf geklebt werden.

Stahl- oder Aluminiumbeschläge: Sie können dem Huf gezielt Stabilität geben. Das ist dann besonders wichtig, wenn einzelne Hufbereiche stärker überlastet sind.

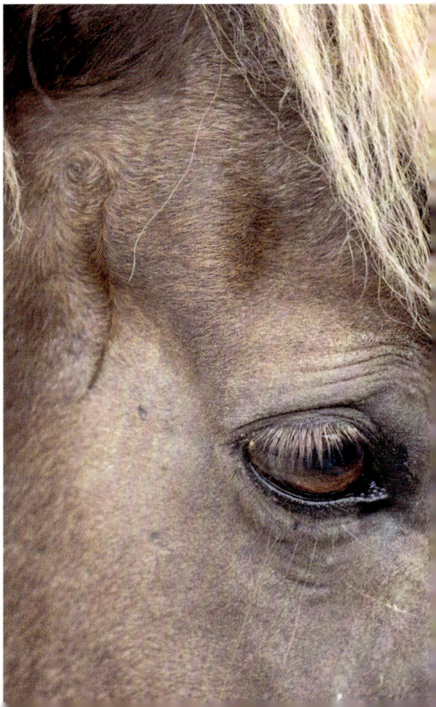

Das „Dreieck" über den Augen ist ein typisches Anzeichen für Unwohlsein.

1

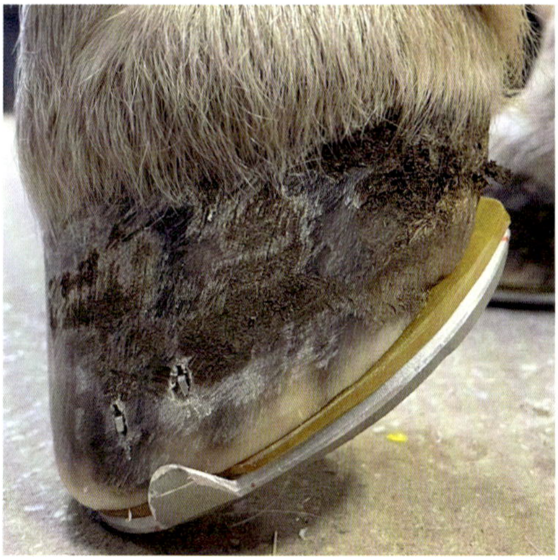

2

1 Hufschuhe werden immer beliebter. Sie sind eine gute Lösung, um ein Fühliggehen in bestimmten Nutzungssituationen zu vermeiden.

2 Aluminiumbeschläge sind leicht und geben dem Huf Form und Stabilität.

Haltungs- und Bewegungsmanagement

Wenn es dir möglich ist, kannst du neben dem Hufschutz auch die Haltungsbedingungen deines Pferdes verbessern.

Bodenbeschaffenheit: Schaffe abwechslungsreiche Untergründe, damit sich ein gesundes, widerstandsfähiges Hufhorn bilden kann. Stark einsinkende Untergründe, stark verdichtete oder sehr abriebintensive Böden sind dauerhaft nicht zu empfehlen.

Futterstellen und Liegeflächen: Saubere und trockene Flächen verhindern das Aufweichen des Hufhorns. So beugst du auch dem Eindringen von Keimen und Bakterien vor, die das Hufhorn zusätzlich strapazieren.

Bewegung: Eine regelmäßige und gelenkschonende Bewegung, zunächst auf weichen und später auf härteren Böden, fördert die Durchblutung. Damit stärkst du den Hufmechanismus und unterstützt das Hornwachstum.

Fütterung: Die passende Fütterung und Nährstoffversorgung stärken den Huf von innen. Eine besser nachwachsende Hornstruktur stärkt den Huf und seine Belastbarkeit langfristig.

Ausrüstung: Zeigt dein Pferd eine wiederkehrende Fühligkeit, überprüfe auch dein Equipment. Passt der Sattel noch? Fühlt sich dein Pferd wohl mit seinem Sattel oder läuft es eventuell unter einem anderen Modell besser? Überprüfe auch die Sattellage auf mögliche Scheuerstellen im Fell, die z. B. auch von einer reibenden Satteluntertage kommen können. Das Equipment sollte dein Pferd in seiner natürlichen Bewegung nicht stören.

Hufbearbeitung

Um einem „Fühliggehen“ deines Pferdes vorzubeugen, ist die Art und Weise der Hufbearbeitung entscheidend. Folgende Fehler sollten dabei vermieden werden:

Sohle: Die Sohle sollte nicht über ihre gesunde und stabilisierende Struktur hinaus bearbeitet werden. Ein Entfernen von gesundem Sohlenhorn sollte nicht erfolgen. Ebenso muss die Bearbeitung von Hornschwielen sorgfältig überlegt werden.

Tragrand: Das Kürzen des Tragrandes muss auf die Leistungsfähigkeit der Sohle ausgerichtet sein. Ein unbedachtes Anschrägen des Tragrandes sollte vermieden werden. Zu dünne Tragrandbereiche führen zu einem stärkeren Abrieb in diesem Bereich. Das Pferd wird besonders auf abriebintensiven Böden damit noch mehr auf die Sohle gestellt.

MERKE

Sohle und Tragrand aufgrund von Fühligkeit nicht zu bearbeiten, ist ebenfalls bedenklich. Das kann schnell zu Problemen im Fesselstand durch ein nicht optimales Hebel-/Stützverhältnis führen. Die Bearbeitung von fühligen Pferde sollte deshalb professionell erfolgen.

Infos zu diesen einzelnen Themen findest du in Level 3.

Biete deinem Pferd soviel Bewegung wie möglich.

HALTUNGS- UND BEWEGUNGSPROBLEME

Die Gesundheit der Hufe steht im engen Zusammenhang mit der Haltung und Bewegung deines Pferdes. Der Huf ist eine sehr leistungsfähige Struktur, die es dem Pferd ermöglicht, weite Strecken zurückzulegen. In diesem Sinne kannst du den Huf auch als „Bewegungsorgan“ verstehen.

Gesunde Hufe durch Bewegung

Um besser zu verstehen, wieso Haltung und Bewegung für den Huf so wichtig sind, werfen wir einen Blick auf den ursprünglichen Lebensraum von Wildpferden. Ein natürlicher Lebensraum bietet viel Bewegung auf abwechslungsreichen, oftmals harten Böden. Pferde in freier Wildbahn legen täglich viele Kilometer zurück. Diese kontinuierliche, natürliche Bewegung wirkt sich positiv auf die Gesundheit der Hufe aus. Sie fördert die Durchblutung im Huf, unterstützt die Elastizität der Hufkapsel und sorgt für ein gesundes Gleichgewicht im gesamten Bewegungsapparat.

1 Futterstellen, verteilt auf großer Fläche.

2 Koppelgang am Morgen

1

Ein Wildpferd bewegt sich:
– Auf der Suche nach Futter und Wasser bis zu 18 Stunden am Tag und legt dabei 20 bis 50 km an Entfernung zurück.
– Hauptsächlich im Schritt, geradeaus und mit gesenktem Kopf.
– Auf wechselnden Böden aus festen, einsinkenden, trockenen und steinigen Untergründen.
Der Organismus hat sich darauf optimiert:
– Beugen und Strecken sind die Hauptbewegungen der unteren Gliedmaßen.
– Eine gleichmäßige Bewegung sorgt für eine gleichmäßige Belastung der Gliedmaßen, Gelenke, Sehnen, Bänder und Hufe.
– Die stetige Schaukelbewegung des Brustkorbes unterstützt die Verdauung.
– Energie wird aus kargem, rohfaserreichem Futter gezogen.
Die natürlichen Lebensbedingungen eines Wildpferdes schaffen damit die beste Voraussetzung für einen gesunden Bewegungsapparat. Mit Blick auf den Huf kann das Wildpferd auch weiterhin als Vorbild für gesunde, leistungsfähige Hufe dienen.

2

Ursachen für Bewegungsmangel

Obwohl unsere heutigen Hauspferde in einer völlig anderen Umgebung leben als ihre wilden Vorfahren, ist ihre Anatomie und auch der Huf im Wesentlichen unverändert geblieben. Der Organismus der Pferde ist auch heute noch darauf ausgerichtet, sich frei über weite Strecken zu bewegen. In menschlicher Haltung verlieren die Pferde jedoch diese Möglichkeiten. Die Gründe dafür sind vor allem begrenzte Kapazitäten für Ausläufe und Weide. Gerade in Ballungsgebieten ist das Angebot an Bewegungsflächen besonders begrenzt. Aber auch die modernen Anforderungen an die Versorgung unserer Pferde, sowie deren Nutzung als Reitpferd, erschweren die Möglichkeiten für naturnahe Haltungsformen.

Einschränkungen in der Pferdehaltung

Geringes Flächenangebot: Die meisten Pferde leben heute in einer Haltungsform, bei der zwischen Stall und Auslauf oder Weide gewechselt wird. Tagsüber stehen die Pferde auf der Weide oder einem Paddock und kommen über Nacht in ihre Box. In Summe ergibt sich dabei schnell eine tägliche „Stehzeit“ von über 12 Stunden. Gerade in diesen Stehzeiten kann sich das Pferd nur in einem sehr begrenzten Raum bewegen. Die Bewegungsrichtung ist dabei nicht geradeaus, sondern in engen Wendungen.

MERKE

Je größer die Bewegungsmöglichkeit für dein Pferd, desto positiver wirkt sich das auf seine Gesundheit, seine Psyche und letztendlich auch auf seine Hufe aus.

Laufweg zwischen Koppel und Stall

Verteile die Heuportionen auf viele kleinere Stellen.

Fehlende Motivation: Feste Heuraufen und Futterstationen liefern den Pferden keinen Anreiz, sich zu bewegen. Auch ein zusätzliches Training oder das gezielte Bewegen der Pferde umfasst in der Regel nur 1 bis 2 Stunden täglich. Das kann die lange Stehzeit und den daraus resultierenden Bewegungsmangel nicht vollständig ausgleichen. Zudem nimmt das Pferd auch weniger Umweltreize auf und das Gehirn wird nicht ausreichend stimuliert. Daraus kann sich eine fehlende Motivation und Lustlosigkeit entwickeln oder aber auch ängstliches, nervöses und aggressives Verhalten, bis hin zu schweren Verhaltensstörungen.

Gesundheitliche Einschränkung: Kann sich das Pferd aufgrund von Platzmangel, fehlenden Anreizen oder gesundheitlichen Problemen nicht ausreichend bewegen, nehmen Bewegungsprobleme und Erkrankungen immer weiter zu. Ganz besonders zeigt sich der Bewegungsmangel am Huf. Es können sich eine Reihe von ungünstigen Hufsituationen entwickeln, die bis in den Pferdekörper hinein wirken. Am stärksten davon sind Knochen, Gelenke, Sehnen und Muskeln betroffen.

FAZIT

Begrenztes Platzangebot, unpassende Haltungsbedingungen, fehlende Bewegungsanreize, gesundheitliche Probleme und ein zu kurzes Training führen zu einem Bewegungsmangel, der deinem Pferd langfristig schaden kann.

Bewegung in den Alltag bringen

Bereits kleine Veränderungen können viel bewirken. Auch wenn die Haltungs- und Bewegungsbedingungen deines Pferdes nicht perfekt sind, kannst du einiges tun, um die Situation zu verbessern. Nimm dir etwas Zeit und überlege, welche Maßnahmen du umsetzen kannst.

Kurze Laufstrecken einbauen: Gehe mit deinem Pferd spazieren! Bereits 20 Minuten „geradeaus laufen" in einem fleißigen Tempo schafft Bewegung. Nutze den Spaziergang zum Aufwärmen für das darauffolgende Training oder anstelle des „Trockenreitens" oder einfach zwischendurch.

Futteranreize schaffen: Verteile kleine Heumengen an mehreren Orten. Bringe Abwechslung herein, indem du das Heu auf dem Boden verteilst, über Heunetze und Heukisten anbietest.

Laufwege einrichten: Mehr Laufwege schaffen mehr Bewegungsanreize. Trenne die Futterplätze, Wasserstellen und Liegeflächen möglichst weit voneinander. So motivierst du dein Pferd, in Bewegung zu bleiben. Dabei können auch eingezäunte Laufwege zum frischen Gras helfen.

Training & Beziehung: Freude an Bewegung erreichst du nicht nur durch den Lebensraum deines Pferdes, sondern auch durch eure gemeinsame Zeit im Alltag und im Training. Gerade das Training nimmt für dein Pferd eine wichtige Rolle ein, wenn es durch die Haltungsbedingungen in seiner Bewegung eingeschränkt ist. Dein Training bildet die Grundlage für die Gesundheit, Bewegungsfreude, aber auch für ein harmonisches Miteinander. Dabei ist jedoch wichtig, dass Training niemals in Stress ausarten darf, weder für dich noch für dein Pferd.

Eintöniges Training kann schnell frustrierend sein. Bringe Abwechslung hinein. Du kannst die Art und Dauer der Bewegung aktiv steuern. Fördere den Bewegungsdrang deines Pferdes über spielerische Einheiten. Wenn

1 Freiarbeit stärkt die Partnerschaft zwischen dir und deinem Pferd.

2 Spanischer Schritt als Teil der Freiarbeit.

1

2

dein Pferd Spaß an der gemeinsamen Arbeit mit dir hat, ist dein Pferd nachhaltig zufrieden und ausgeglichen.

Leichte Gymnastizierung: Gerade für kranke oder ältere Pferde bietet eine leichte Gymnastizierung eine sinnvolle Bewegung und Beschäftigung. Diese kannst du auf einem Reitplatz, in einer Reithalle genauso wie im Gelände oder auf einer abgegrasten Koppel machen. Die folgenden Übungen gehen im Schritt, während du reitest oder nebenherläufst:

– viel geradeaus laufen
– große Bögen laufen
– Seitengänge und Übergänge einbauen
– Stangen oder Softgassen dazunehmen

Das aktiviert nicht nur die Muskeln deines Pferdes, sondern auch seine Aufmerksamkeit und bringt Abwechslung in seinen Alltag.

Freiarbeit & Trailparcours: Die Freiarbeit und ein kleiner Trailparcours sind wunderbare Möglichkeiten, die Beziehung zu deinem Pferd

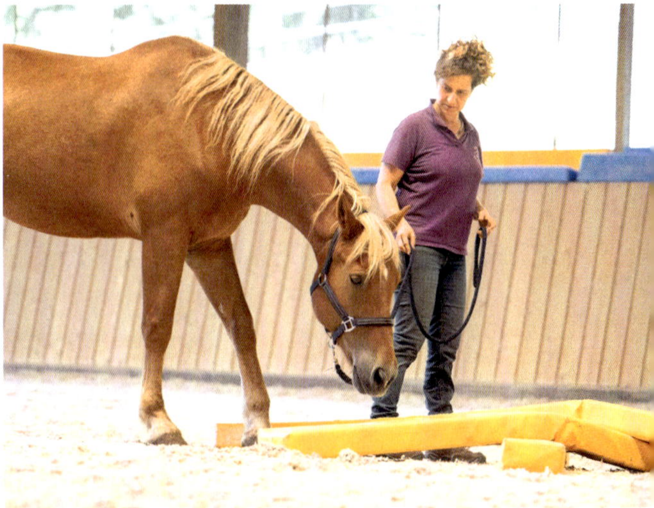

1

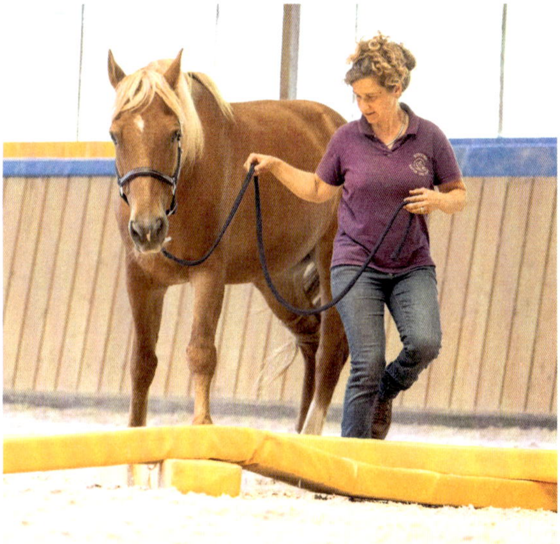

2

1 Förderung von Neugier und Spieltrieb verstärkt die Selbstsicherheit.

2 Nutze Softgassen für dein Training.

zu vertiefen, ganz ohne Zwang und unabhängig vom Alter oder Trainingszustand.
In der Freiarbeit kommunizierst du über deine Körpersprache. Dein Pferd folgt dir freiwillig, weil es dir vertraut, nicht weil es muss. So förderst du die Achtsamkeit, das Vertrauen und die feine Verbindung zwischen euch. Dabei sind alle Gangarten möglich. Hat dein Pferd Freude an eurem Training, führt das dazu, dass es länger motiviert in Bewegung bleibt.
Ein Trail- oder Spielparcours bringt Spaß, Abwechslung und neue Impulse in euren Trainingsalltag. Mit einfachen Gegenständen wie Tonnen, Stangen, Planen, Matten, Gummibällen und anderen Gegenständen förderst du die Aufmerksamkeit, die Koordination und den Mut deines Pferdes.

MERKE

Je sicherer dein Pferd wird, desto freudiger und selbstbewusster wird es in seiner Bewegung sein.

Körperwahrnehmung: Fehlt deinem Pferd eine gute Körperwahrnehmung, wird es in seiner Bewegung eher zurückhaltend und vorsichtig sein. Die Sorge zu stolpern oder hinzufallen ist groß. Dein Pferd wird sich jeden Schritt gut überlegen. Du kannst mithilfe von verschiedenen Methoden und Hilfsmitteln die Körperwahrnehmung deines Pferdes verbessern, z. B. durch:

1

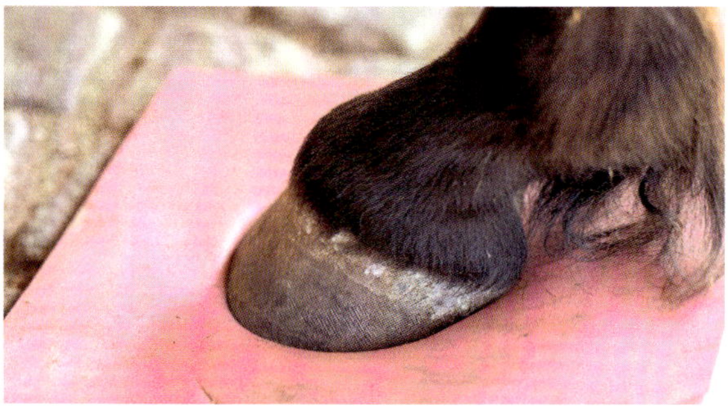

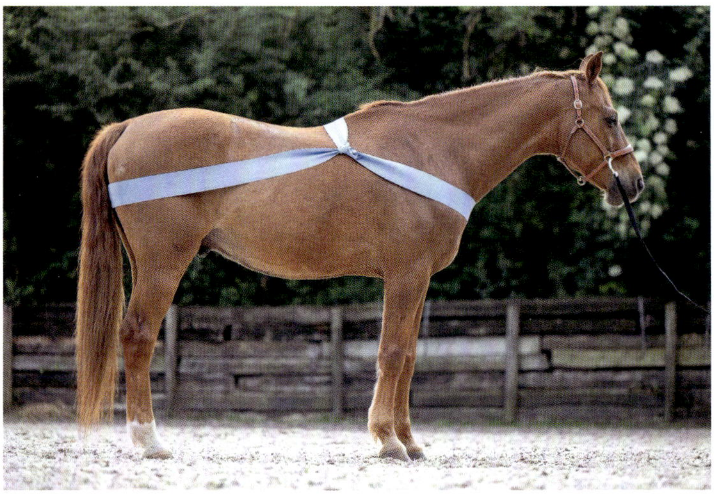

2

1 Lass dir von einem Therapeuten zeigen, wie Balance-Pads muskulär unterstützen können.

2 Körperbänder helfen deinem Pferd, sich bewußter wahrzunehmen.

– Balance Pads
– Körperbänder oder spezielle Körperbälle
– unterschiedliche Untergründe
– Stangen- oder Cavaletti-Arbeit
– Berührungen und Massagen

Abwechslung schaffen: Nutze alle Trainingsmöglichkeiten und Orte, die dir zur Verfügung stehen. Wechsle dein Training zwischen Reiten und Bodenarbeit ab. Baue auch Spaziergänge ein. Immer gleiche Bewegungsmuster fördern Einseitigkeit und Langeweile. Je bunter der Alltag für dein Pferd ist, desto lebendiger ist sein Organismus. Durch die unterschiedlichen Untergründe wird auch der Huf zusätzlich stimuliert.

MERKE

Es gibt viele Möglichkeiten, mehr Bewegung in den Alltag deines Pferdes zu bringen. Starte mit dem, was für euch leicht umsetzbar ist.

1

1 Schenke dem Pferd deine Aufmerksamkeit, wenn es deine Nähe sucht.

2 Nutze deine Körpersprache, um mit deinem Pferd zu kommunizieren.

2

BLICKSCHULUNG

Auffällige Hufe sind oft Hinweise für tiefergehende Probleme deines Pferdes.

Besonders problematische Hufsituationen

In diesem Level beschreiben und analysieren wir besonders problematische Hufsituationen. Diese Situationen haben wir im darauffolgenden Level 6 in einer Checkliste für dich zusammengestellt. So kannst du schnell erkennen, ob dein Pferd davon betroffen ist.

HUFE AUS DER BALANCE

Bei Pferden treten immer wieder ähnliche problematische Hufsituationen auf. Wenn du diese Situationen erkennst und verstehst, erhältst du viele wichtige Informationen über dein Pferd.
Die Hufe deines Pferdes bekommen ihr Aussehen nicht zufällig. Anatomie, Bewegung und Haltung sind entscheidende Faktoren, die ihr Aussehen bestimmen. Ein funktionaler Huf hilft deinem Pferd, sich gesund und effizient zu bewegen. Bleibt die Lebenssituation unverändert, wird dein Pferd immer wieder dieselbe Hufform und Hufstruktur entwickeln. Verändert sich die Lebenssituation, passt sich auch der Huf an die neue Situation an. Kannst du die Entwicklung von Hufen einschätzen, dann kannst du positive oder negative Veränderungen rechtzeitig erkennen und gegebenenfalls handeln. Dabei gilt:
– Wird die Hufform und die Hufstruktur stabiler, ist die Entwicklung positiv.
– Wird die Hufform und die Hufstruktur schlechter, ist die Entwicklung negativ.

MERKE

Die Entwicklung, die ein Huf im Laufe eines Bearbeitungsintervalls durchläuft, ist der „persönliche Hufabdruck" deines Pferdes. Entwickelt sich der Huf in eine unerwünschte Richtung, solltest du versuchen, den Grund dafür zu finden.

1

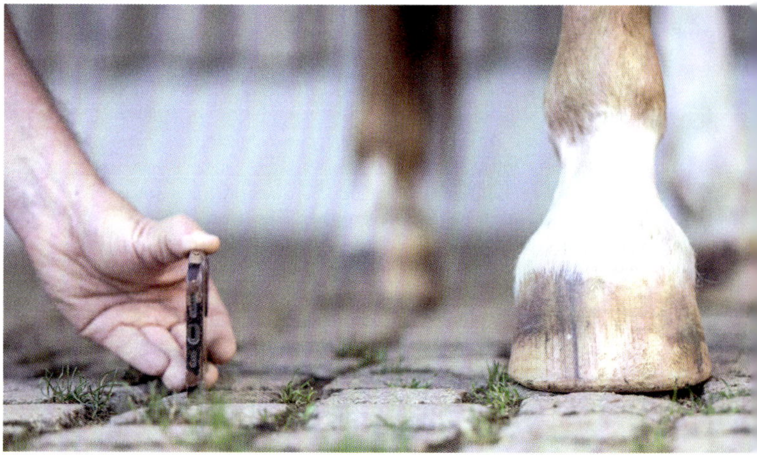

1 Mit dem Handy kannst du Hufsituationen jederzeit festhalten und fortlaufend dokumentieren.

2 Achte auf gute Handypositionen mit gleichem Abstand und Aufnahmewinkel (90-Grad-Winkel zum Boden).

2

Fertige eine Hufdokumentation an

Gewöhne dir an, den Huf direkt nach der Bearbeitung zu fotografieren. Mache ein Foto von der Sohle und von der Seite. Analysiere die Bilder und markiere alle auffälligen Merkmale. Beobachte ihre Entwicklung über die Zeit.

AUFFÄLLIGER ZEHENABWEISER

Das Pferd fußt über den Zehenbereich des Hufes ab. Je nach Gliedmaßenstellung und Gliedmaßenführung kann der Abfußungsbereich unterschiedlich liegen. Dort, wo das Pferd nicht abfußt, wird weniger Horn abgerieben. In diesem Bereich bleibt der Tragrand länger und es entwickelt sich ein Zehenabweiser. Die Lage des Zehenabweisers zeigt dir an, wie dein Pferd sich bewegt. Du kannst drei Situationen unterscheiden:

– Das Pferd fußt mittig ab. Es entwickeln sich zwei kleinere Zehenabweiser, links und rechts von der Zehenmitte.

– Das Pferd fußt über den äußeren Zehenbereich ab. Es entsteht ein Zehenabweiser im inneren Zehenbereich.
– Das Pferd fußt über den inneren Zehenbereich ab. Es entsteht ein Zehenabweiser im äußeren Zehenbereich.

Zehenabweiser erkennen

Die Hufwand besteht aus zwei Wandbereichen, der äußeren und der inneren Hufwand. Die äußere Hufwand ist stärker pigmentiert und deshalb meistens dunkler. Die innere Hufwand ist weniger pigmentiert und deshalb meistens heller.
Der Zehenabweiser entwickelt sich nur im äußeren, dunkleren Zehenwandbereich. Wenn du mit der Raspel fein über den Tragrand im Zehenbereich gehst, kannst du die Breite des pigmentierten Bereiches erkennen. Ist der Tragrand an dieser Stelle breiter, ist dort der Zehenabweiser.
Der Zehenabweiser ist der lange Hebel im Zehenbereich. Er ist bewegungs-

Zehenabweiser von oben: Der rechte Vorderhuf zeigt auf der Innenseite einen runderen Verlauf der Hufwand. Hier ist die Hufwand flacher und länger.

Zehenabweiser von vorne: In der Ansicht von vorne erkennst du die flachere Zehenwand links im Bild. Hier berührt die Hufwand direkt den Untergrund.

MERKE

An der Entwicklungsgeschwindigkeit von Zehenabweisern kannst du erkennen, welches Bearbeitungsintervall dein Pferd benötigt.

Zehenabweiser von unten: Wenn du leicht über den Tragrand raspelst, kannst du die Breite des Tragrandes gut erkennen. Dort, wo die flache Hufwand mit dem Zehenabweiser ist (Pfeil rechts), ist der pigmentierte Bereich des Tragrandes breiter.

störend für das Pferd. Je stärker er sich ausbildet, desto stärker stört er den Bewegungsablauf. Wie stark er sich ausbildet, hängt von diesen Faktoren ab:

– Bearbeitungsdauer: Je länger die letzte Bearbeitung zurückliegt, desto stärker entwickelt sich der Zehenabweiser.
– Hornwachstum: Je stärker das Hornwachstum, desto schneller entwickelt sich der Zehenabweiser.
– Hufbreite: Je flacher die Hufwand, desto stärker entwickelt sich der Zehenabweiser.
– Ungleichbelastung: Je stärker ein Huf ungleich belastet ist, desto stärker entwickeln sich Zehenabweiser.

Deutlicher Zehenabweiser

Hat dein Pferd am Ende des Bearbeitungsintervalls einen mäßig ausgebildeten Zehenabweiser ist das unbedenklich. Bedenklich sind stärker ausgebildete Zehenabweiser, die sich schnell entwickeln. Werden die Zehenabweiser in ihrer Entwicklung nicht kontrolliert, entstehen ungesunde Druck- und Belastungsverhältnisse. Es können Folgeschäden wie Spannungen in der Hufkapsel, Hornspalten oder Quetschungen entstehen. Ebenso können Knochen, Gelenke und Sehnen ungünstig belastet werden. Hieraus können sich Erkrankungen entwickeln.

Abhilfe: Entwickeln sich Zehenabweiser sehr schnell, solltest du mögliche Ursachen klären. Zwischen den Bearbeitungsintervallen kannst du deinem Pferd helfen, indem du den Zehenabweiser wie folgt bearbeitest:

– Kürze überstehende Tragrandlänge im Bereich des Zehenabweisers.

– Schräge die äußere Hufwand entlang der Trennungslinie von pigmentiertem und nicht pigmentiertem Wandhorn an. Der Winkel sollte dabei zwischen 30 und 60 Grad liegen. Damit erleichterst du deinem Pferd das Abfußen.

AUFFÄLLIGE ZEHENRICHTUNG

Die Zehenrichtung zeigt dir die Stelle, wo das Pferd im Moment des Abfußens über den Tragrand mit Druck abrollt. Durch dieses Abrollen wird mehr Horn abgerieben, sodass der Tragrand sich stärker abläuft und die Tragrandbreite insgesamt dünner und abgerundeter ist.
Die Zehenrichtung ist der kurze Hebel im Zehenbereich. Sie ist bei jedem Pferd vorhanden.

Zehenrichtung erkennen

Um eine Zehenrichtung zu erkennen, kannst du zwischen zwei Perspektiven wählen:

– Hebe den Huf auf, sodass du auf die Sohle schaust. Dort, wo im Zehenbereich der Tragrand rund abgelaufen ist, findest du die Zehenrichtung. Du erkennst sie auch daran, dass der Tragrand bei der Zehenrichtung insgesamt dünner ausgebildet ist.

– Schaue im Zehenbereich auf den abgestellten Huf. Dort, wo der Tragrand den Boden nicht berührt, befindet sich die Zehenrichtung. Hier ist der Tragrand rund abgelaufen.

1 Zehenrichtung: Links im Bild ist die Zehenwand kürzer und stärker berundet. Hier fußt das Pferd in der Bewegung ab. Es entwickelt sich eine breite Zehenrichtung (punktierter Bereich).

2 Deutliche Zehenrichtung: In der Hufmitte ist der Tragrand stärker berundet. Hier hat sich eine deutliche Zehenrichtung entwickelt (punktierter Bereich). Das Pferd fußt hier verstärkt ab.

1

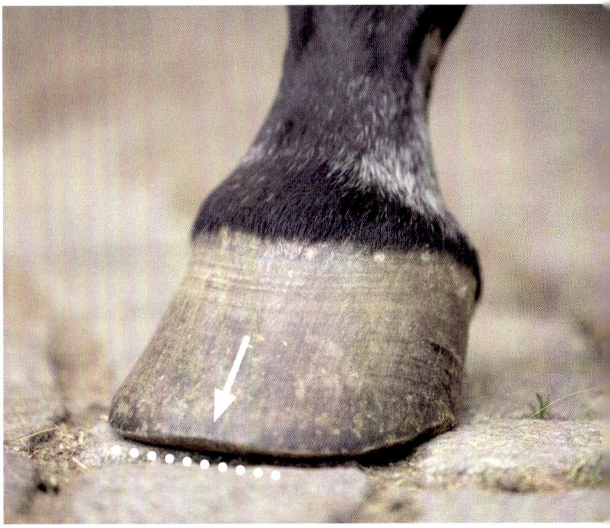

2

Deutliche Zehenrichtung

Problematisch ist es, wenn die Zehenrichtung so stark angelaufen ist, dass sie über die Weiße Linie hinaus in den vorderen Sohlenbereich hineinreicht. Das zeigt dir, dass dein Pferd eine ungünstige Gliedmaßenstellung oder ein ungünstiges Gangbild hat. Insofern ist eine zu starke Zehenrichtung immer ein Warnsignal.

Abhilfe: Versuche bei einer starken Zehenrichtung das Bearbeitungsintervall zu verkürzen. Kläre mit einem Experten, ob deinem Pferd durch Training und Therapie zu mehr Körperbalance und einem besseren Gangbild verholfen werden kann. Sind die Möglichkeiten eingeschränkt, berate dich mit einem Experten, ob der Zehenbereich durch einen Beschlag oder Klebebeschlag stabilisiert werden kann.

MERKE

Treten im Zehenbereich ein deutlicher Zehenabweiser und eine deutliche Zehenrichtung zugleich auf, weist dies auf eine stärkere Ungleichbelastung des Hufes hin.

SCHLECHTE BALANCE DER TRACHTENWÄNDE

Der hintere Hufbereich muss flexibel sein, um das Pferdegewicht stabil und stoßdämpfend tragen zu können. Trachtenwände und Eckstreben tragen und stützen das Pferdegewicht und stabilisieren den Huf in einem sensiblen Gleichgewicht. Damit sich der Huf in diesem Bereich öffnen kann, hat sich der elastische Hufstrahl entwickelt. Ist die Belastungssituation im hinteren Hufbereich ungünstig, reagieren diese Strukturen sehr schnell und verändern ihre Form und Position.

Huf mit deutlichem Zehenabweiser auf der linken Seite des Hufes und einer deutlichen Zehenrichtung auf der rechten Seite des Hufes.

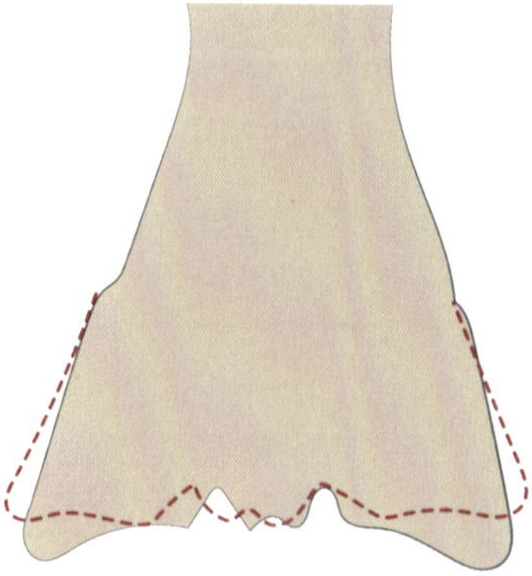

Die rote Linie kennzeichnet Trachtenwände, die deutlich flacher ausgebildet sind. Du findest dies oft bei breiten und flachen Hufen. Auch überlastete Trachtenwände, die sich nach außen verbiegen, zeigen dieses Bild.

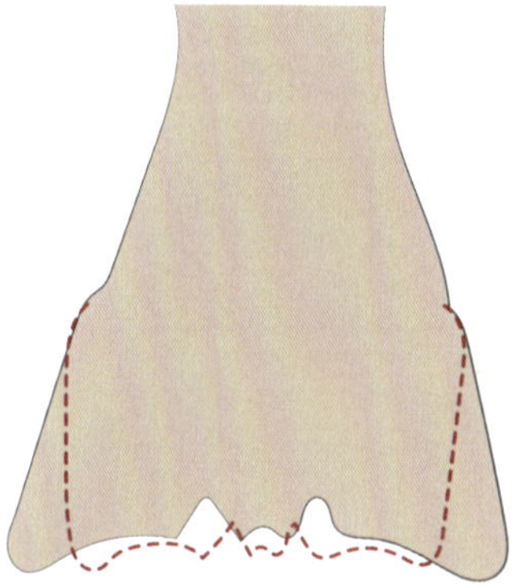

Die rote Linie kennzeichnet Trachtenwände, die deutlich steiler ausgebildet sind. Du findest dies oft bei steilen Hufen. Auch zu flache Hufe können einen verengten Trachtenbereich mit steil stehenden und/oder untergeschobenen Trachtenwänden zeigen.

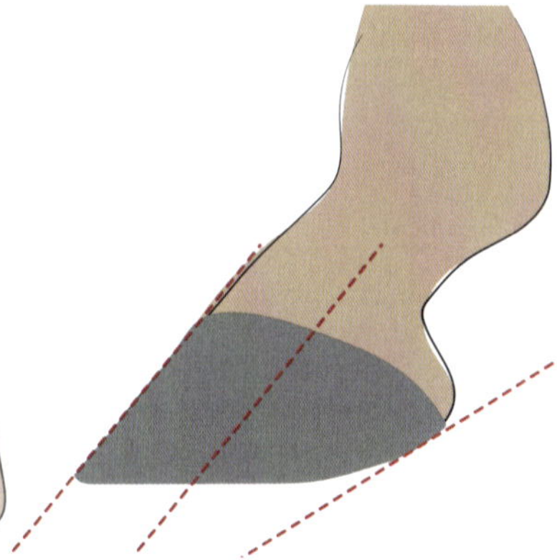

Überlastete Trachtenwände schieben sich unter den Huf. Von der Seite erkennst du die im Vergleich zur Zehenwand deutlich flachere Trachtenwand. Beim Blick von hinten auf die Trachtenwand siehst du häufig, wie sie sich nach innen unter den Huf schiebt (siehe folgende Seite).

Achtung: Wenn du die Situation der Trachtenwände beurteilen möchtest, musst du „Ursache und Wirkung" klar auseinanderhalten. Eine überlastete Trachtenwand ist immer nur die Wirkung einer anderen Ursache, die zur Überlastung führt. Arbeitest du nur an der Wirkung, d. h. beispielsweise einer untergeschobenen Trachtenwand, und stellst du die Ursache nicht ab, kannst du deinem Pferd nicht helfen! Räumlich betrachtet kann eine Trachtenwand ihre Positionen wie folgt verändern:

- Die Trachtenwand kann sich nach außen vom Huf weg verbiegen.
- Die Trachtenwand kann sich nach innen in Richtung Hufmitte/Strahl unter den Huf schieben.
- Die Trachtenwand kann sich nach vorne in Richtung Zehe unter den Huf schieben.

Huf mit unterschiedlich ausgebildeten Trachtenwänden. Die im Bild linke Trachtenwand ist flacher, die rechte Trachtenwand ist steiler.

Möglich ist auch eine Kombination aus den verschiedenen Lageveränderungen. Je nachdem wie die Trachtenwand ihre Position verändert, kannst du Rückschlüsse auf Wirkung und Ursache ziehen.

Trachtenwand nach außen verbogen

Ursache hierfür sind flache und damit entlastete Trachtenwandbereiche.
Abhilfe: Verbessere die Hufbalance insgesamt, indem du zu flache Wandbereiche stärker bearbeitest.

Trachtenwand einseitig in Richtung Hufmitte verschoben

Ursache hierfür ist eine einseitige Belastung des Hufes durch die Gliedmaßenstellung und/oder das Gangbild deines Pferdes. Die Last wird stärker von der Hufmitte auf eine Hufwand verteilt. Dadurch muss diese Hufwand zu viel Last tragen. Unter diesem Übergewicht schiebt sich die Trachtenwand unter den Huf in Richtung Hufmitte und die gegenüberliegende Hufwand wird flach. Der Huf ist einseitig belastet.
Abhilfe: Versuche zunächst zu klären, warum der Huf so einseitig belastet wird. Steht und läuft dein Pferd stark bodeneng oder bodenweit? Passt das zu deinem Pferd oder könnte bereits eine Erkrankung vorliegen?
Liegt keine Erkrankung vor, solltest du vorbeugen. Du kannst die Hufsituation verbessern, indem du die flache Hufwand bearbeitest. Kürze hier den Tragrand und sorge für eine gute Abrollmöglichkeit auch in seitlichen Wendungen. In dem Maße, in dem du die flache Hufwand kürzt, kannst du auch die nach innen untergeschobene Trachtenwand kürzen und sie so wieder in eine bessere Belastungssituation bringen.
Wenn eine Erkrankung vorliegt, kann die flache Hufwand den schmerzhaften Bereich in Gliedmaße und Huf anzeigen. Auf dieser Seite entlastet das Pferd die Gliedmaße, die Hufwand hat dadurch weniger Abrieb und wird flacher.

Die rechte Trachtenwand ist überlastet und schiebt sich in Richtung Strahl und Zehe unter den Huf. So entsteht eine negative Hufwand.

Wichtig

Ist eine Erkrankung die Ursache für die einseitige Belastung des Hufes, solltest du mit einem Experten klären, wo der schmerzhafte Bereich tatsächlich liegt, und ob die oben geschilderte Bearbeitung so durchgeführt werden kann.

Trachtenwand einseitig in Richtung Zehe untergeschoben

Ursache hierfür ist eine Gliedmaßenstellung oder ein Gangbild, das den Huf einseitig in Verbindung mit einer Rotation der Gliedmaße belastet. Die

Rotation der Gliedmaße tritt häufig im Bereich der Zehenknochen auf. Durch die Rotation des Hufes wird eine Trachtenwand mehr belastet als die andere Trachtenwand. Sie schiebt sich daher in Richtung Hufmitte und gleichzeitig auch in Richtung Zehe unter den Huf. Der Huf ist diagonal belastet.

Abhilfe: Kläre zunächst, ob Erkrankungen vorliegen. Das ist dann häufiger der Fall, wenn die Trachtenwand stärker verschoben ist. Auch hier können Erkrankungen zu einer speziellen Hufbearbeitung führen.

Ist dies nicht der Fall, kannst du die flache Wand im Zehenbereich kürzen und für eine gute Abrollmöglichkeit sorgen. In dem Maße, in dem du im Zehenbereich kürzen kannst, kannst du auch die untergeschobene Trachtenwand kürzen. Dadurch kommt die Trachtenwand wieder in eine bessere Belastungssituation.

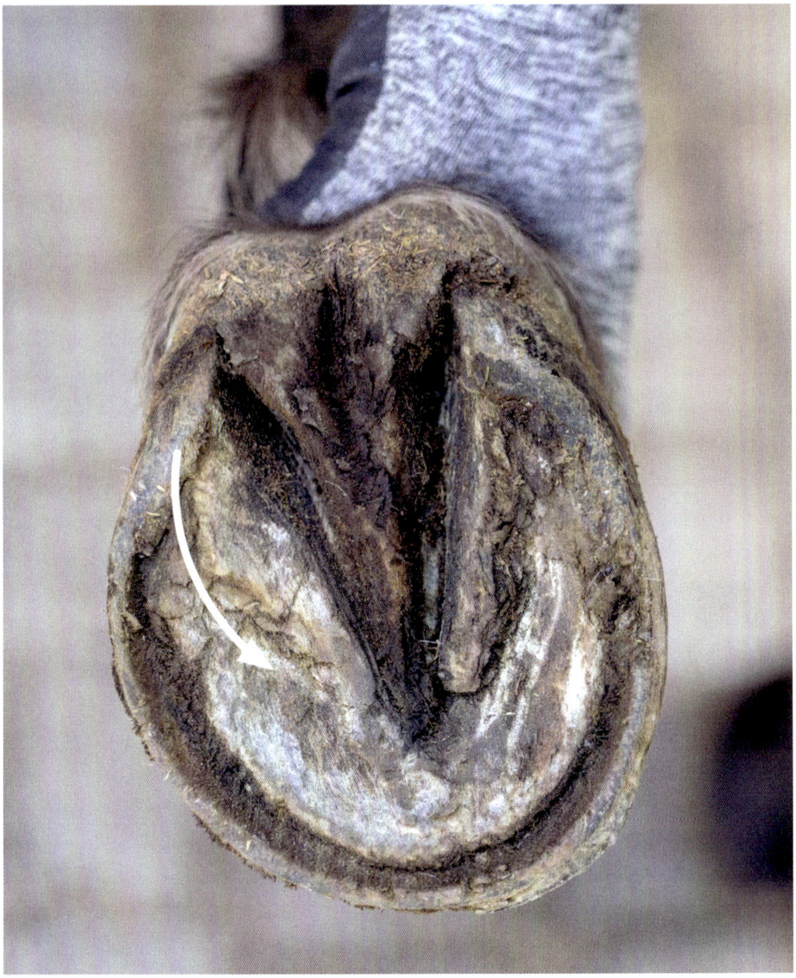

Typische diagonale Hufsituation: Die linke Trachtenwand ist länger und infolge von Überlastung nach innen in Richtung Zehe verschoben.

Trachtenwände beidseitig in Richtung Zehe untergeschoben

Wenn sowohl die innere als auch die äußere Trachtenwand untergeschoben ist, ist das ein Hinweis auf eine zu flache Hufwand im gesamten Zehenbereich. Diese Situation ist relativ häufig zu finden. Sie zeigt dir, dass der Fesselstand des Hufes ungünstig ist. Zudem gibt dir diese Situation einen Hinweis auf eine Überlastung der Last tragenden Strukturen wie Fesselträger oder Beugesehnen.

Abhilfe: Die Ursache für beidseitig untergeschobene Trachtenwände ist ein zu langer Hebel, also eine zu lange Zehenwand. Ist dies schon länger der Fall, solltest du dich auch hier vor einer Bearbeitung mit einem Experten beraten. Der Huf sollte durch Kürzen der Zehenwand steiler gestellt werden. Du musst jedoch berücksichtigen, dass ein Kürzen der Zehenwand auch zu einer Mehrbelastung des vorderen Hufbereichs führt. Ist die Hufsohle sehr dünn und flach, kann ein zu starkes Kürzen der Zehenwand dazu führen, dass dein Pferd unter Umständen fühlig geht. Hast du die Zehe gekürzt, kannst du auch die Trachtenwand kürzen, sodass sie wieder in eine bessere Position kommt, um Last aufnehmen zu können.

MERKE

Schlechte Trachtensituationen gehen häufiger mit Erkrankungen einher. Das Bearbeiten der Trachtenwände muss immer im Abgleich mit der Ursache erfolgen.

Hohe Trachtenwände

Bei steilen Hufen sind die Trachtenwände sehr hoch und lang ausgebildet. Diese Situation erkennst du daran, dass der Hufstrahl tief in der Hufsohle sitzt. Die seitlichen und die mittleren Strahlfurchen sind tief und wenig breit. Der gesamte hintere Hufbereich wirkt dadurch verengt und der Hufmechanismus ist gestört. Die Hufkapsel kann sich bei Belastung kaum erweitern und der Hufstrahl hat keine Möglichkeit, in den Bodengegendruck zu gelangen. Er verkümmert in der Hufsohle und wird dadurch anfälliger für Fäulnisprozesse. Durch die fehlende Erweiterungsmöglichkeit der Hufkapsel unter Belastung besteht eine erhöhte Arthrosegefahr für die Zehenknochen.
Mögliche Ursachen für diese Situation sind:

– Die Gliedmaße steht rückständig. Dadurch wird der Zehenbereich mehr belastet und die Trachtenwand entlastet, sodass in diesem Bereich weniger Hornabrieb stattfindet.
– Dein Pferd hat einen Zwanghuf mit hohen Trachten und mit einer Verengung des hinteren Hufbereichs.
– Dein Pferd hat einen Bockhuf. Der Bockhuf beginnt ab einem Hufwinkel von 60 Grad.
– Dein Pferd hat zu wenig Bewegung, weil es z. B. überwiegend in der Box steht, was sein natürliches Bewegungsmuster stört. Es kann den hinte-

Hohe und steile Trachtenwände mit tiefer liegendem Hufstrahl

ren Hufbereich zur Lastaufnahme kaum nutzen. In der Folge werden die Trachtenwände immer höher.
Abhilfe: Sind die Trachtenwände sehr hoch, solltest du sie behutsam kürzen. Gleichzeitig solltest du auch die Eckstreben stärker zurückschneiden, da sie dem Huf in diesem Fall zu viel Stabilität geben und den Trachtenbereich zusätzlich einengen. Diese Maßnahmen sind nur dann empfehlenswert, wenn keine Erkrankung als Ursache für die hohen Trachten vorliegt. Dies solltest du vorher klären. Insbesondere Bockhufe sollten nur nach Rücksprache mit einem Experten bearbeitet werden.

Fehlende Trachtenwände

Bei flachen Hufen sind die Trachtenwände sehr kurz ausgebildet. Du erkennst das daran, dass der Hufstrahl verbreitet ist und permanenten Bodenkontakt hat. Auch bei diesen Hufen ist der Hufmechanismus gestört. Da der Hufstrahl maximal verbreitet ist, ist eine Erweiterung des Hufes unter Belastung kaum noch möglich. Zudem verhindert der massive Strahl das Zusammenziehen der Hufkapsel bei Entlastung. Das sind Hinweise für eine Überlastung von Fesselträger und Beugesehnen.

Abhilfe: Trachtenwände, die auf Dauer zu viel Last tragen und einen erhöhten Abrieb haben, werden kürzer und bilden sich zurück. Um die Situation zu verbessern, ist es wichtig, den Huf wieder in eine bessere Balance von der Zehe in Richtung Trachte zu bringen. Ist an der Zehe genügend Hornmaterial vorhanden, kannst du den Huf steiler stellen. Dadurch entlastest du die Trachten, sodass sich diese wieder regenerieren können. Auch der Hufstrahl kann sich wieder auf seine normale Breite zurückbilden. Ist ein Kürzen im Zehenbereich nicht möglich, weil dein Pferd dadurch fühlig gehen könnte, helfen Beschläge. Damit kann der hintere Hufbereich entlastet werden und das Pferd kann im Zehenbereich früher abfußen. Hier solltest du dich mit einem Hufexperten beraten.

MERKE

Ist der Huf ein Grad zu flach, erhöht das bei einem 500 kg schwerem Pferd die durch die Beugesehnen zu tragende Last um etwa 5 bis 6 kg.

Hat dein Pferd dauerhaft um einige Grad zu flache Hufe, muss es daher auf der Vorhand bei jedem Schritt ein zusätzliches Gewicht tragen.

AUFFÄLLIGE HUFWINKEL-UNTERSCHIEDE

Als Hufwinkel wird der Winkel zwischen dem Untergrund, auf dem das Pferd steht, und der Zehenwand des Hufes bezeichnet. Wenn du den Hufwinkel ermittelst, erhältst du einen

Merke

Steht ein Pferd passend zum seitlichen Fesselstand, ergibt sich daraus der passende Hufwinkel.

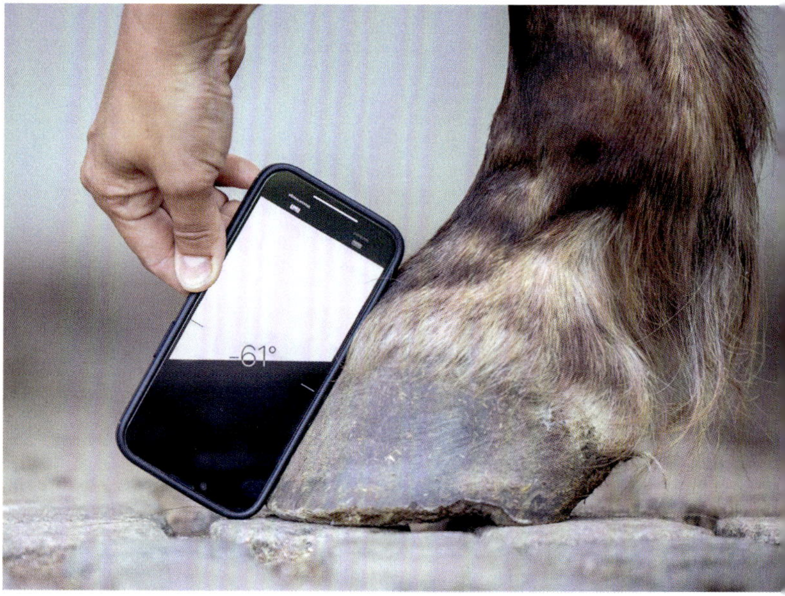

Wenn die Zehenwand einen gleichmäßig geraden Verlauf hat, kannst du mit dem Handy einfach und schnell den Hufwinkel messen.

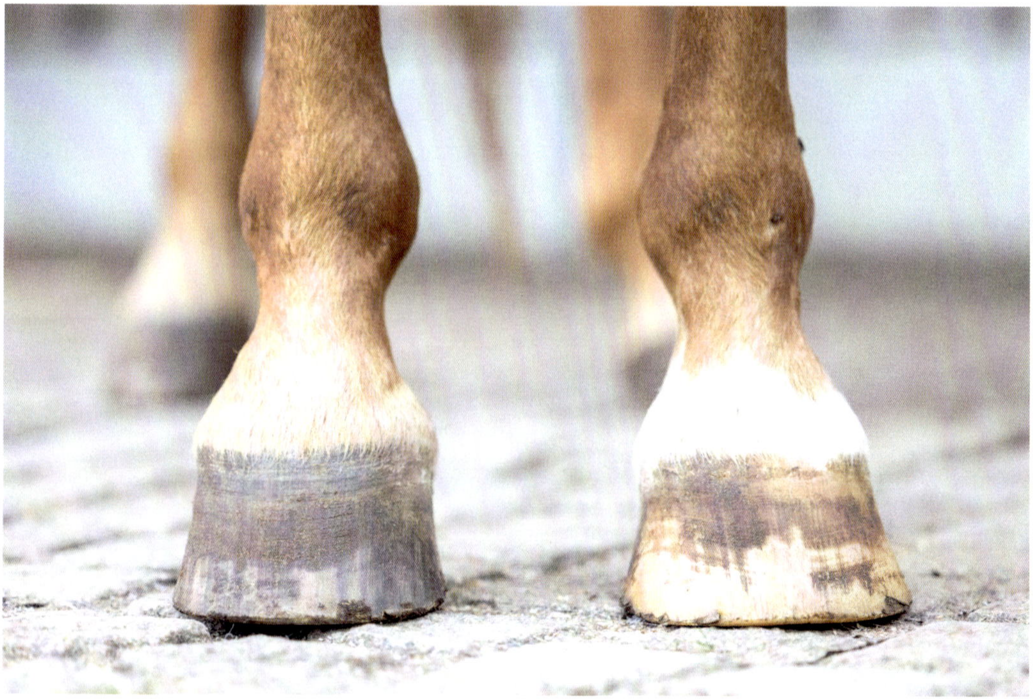

Ein leichtes High/Low auf der Vorhand. Der linke Huf des Pferdes ist größer und flacher (low), der rechte Huf ist kleiner und steiler (high).

Hinweis darauf, ob der Huf passend, zu steil oder zu flach ist.Die meisten Pferde haben auf der Vorhand einen Hufwinkel, der zwischen 50 und 60 Grad liegt. Hufwinkel unter 50 Grad sind als zu flach und über 60 Grad als zu steil zu beurteilen. Hufe mit einem Hufwinkel über 60 Grad werden als Bockhufe bezeichnet.

Hufe haben keine fest definierten Hufwinkel. Der Hufwinkel ist in einem großen Maße von der Anatomie des Pferdes und seiner Statik abhängig. Da dies sehr unterschiedlich sein kann, gibt es auch keinen fest definierbaren Hufwinkel für alle Pferde.

Deutliche High/Low-Hufe

Pferde haben auf der Vorhand nicht immer einen identischen Hufwinkel. Meist ist der Winkelunterschied zwischen beiden Vorderhufen aber nur gering. Eine Abweichung um 1 bis 3 Grad ist normal und unbedenklich. Treten größere und bedenkliche Winkelunterschiede auf, spricht man von High/Low-Hufen. High/Low-Hufe liegen vor, wenn ein Huf offensichtlich steiler (high) und der andere Huf offensichtlich flacher (low) ist. Hier liegen die Unterschiede der Hufwinkel zwischen der linken und rechten Vorhand bei 4 bis 5 Grad aufwärts.

Die Ursachen können sein:

– ausgeprägte Einseitigkeit und natürliche Schiefe des Pferdes
– Training und Reitweise
– Erkrankungen, die dazu führen, dass eine Gliedmaße mehr und die andere weniger belastet wird.

Abhilfe: Jeder Huf sollte passend zu seinem Fesselstand bearbeitet werden.

Bleibt dann ein kleiner Unterschied im Hufwinkel bestehen, ist das nicht schlimm und entspricht der individuellen Anatomie des Pferdes. Liegen High/Low-Hufe vor, kläre die Situation mit einem Experten.

Tipp

Positioniere die rechte und linke Vorhand auf gleicher Höhe und schaue auf die Höhe des Haaransatzes im Ballenbereich. Zeigt dein Pferd eine „High/Low-Situation", dann wird der Haaransatz deutlicher auf unterschiedlichen Höhen sein.

AUFFÄLLIGE HUFFORMEN

Die Hufwand entwickelt unter Be- und Entlastung steile und flache Hufwände. Diese Bereiche sind nicht zufällig verteilt. Ihre Verteilung folgt einem Muster und ihre Position definiert die Hufform. Aus der Form wiederum lassen sich Rückschlüsse auf die Gliedmaßenstellung, das Gangbild oder mögliche Erkrankungen ziehen.

Hufformen geben dir auch die Möglichkeit, Rückschlüsse auf Haltung, Training und das Wohlbefinden deines Pferdes ziehen. Grundlegend kann man drei Hufformen unterscheiden.

Teile den Huf in zwei Trachten- und zwei Zehenviertel. So kannst du die Hufform einfach erkennen. Vergleiche jeweils Zehen- und Trachtenviertel miteinander. Im welchem Viertel ist die flachere Hufwand?

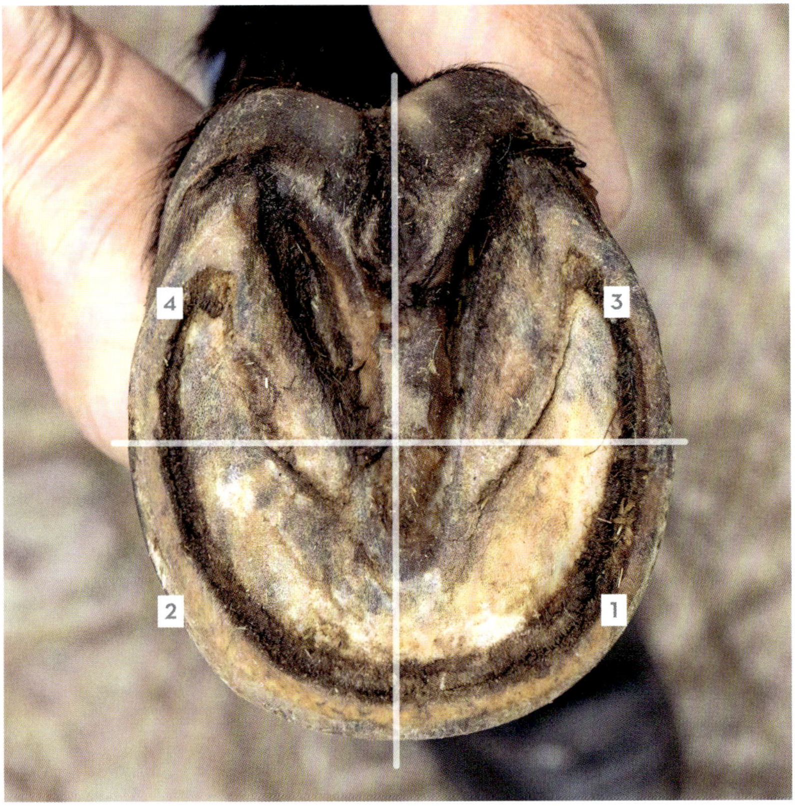

Bestimmung der Hufform

Damit du die Hufform schnell und einfach bestimmen kannst, teile den Huf entlang seiner Längs- und Querachse in vier Hufviertel auf. Vergleiche nun die Trachten- und Zehenbereiche miteinander. Bestimme, in welchem Trachten- beziehungsweise Zehenviertel sich die steilen oder flachen Hufwände befinden. Eine flache Hufwand zeigt im Tragrandverlauf einen runden Verlauf. Eine steile Hufwand zeigt im Tragrand einen mehr geraden/gestreckten Verlauf. Aus dem Verteilungsmuster flacher und steiler Hufwände kannst du die Hufform ermitteln.

Der regelmäßige Huf

Beim regelmäßigen Huf sind die Hufwände in den einzelnen Vierteln nicht auffällig flacher oder steiler.

Der einseitig belastete Huf

Bei einseitig belasteten Hufen haben die beiden Viertel der Hufinnenseite oder der Hufaußenseite flachere Wandbereiche.

MERKE

Dein Pferd belastet den regelmäßigen Huf gleichmäßig durch seine Gliedmaßenstellung und seinen Gang.

1

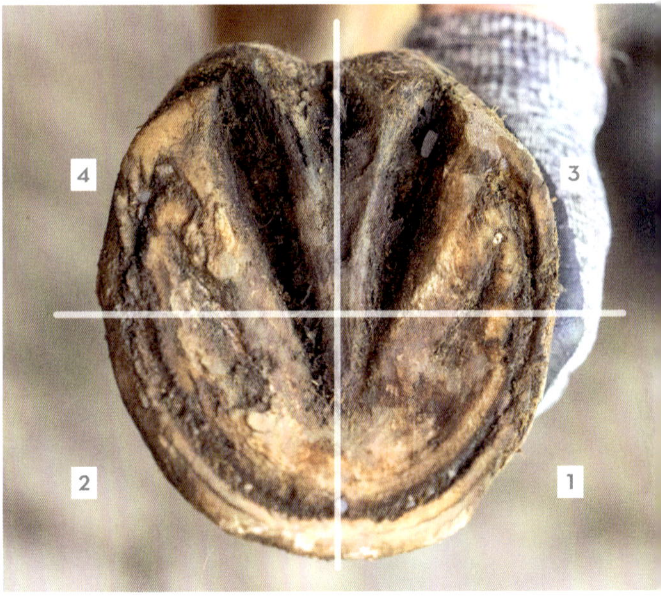

2

MERKE

Dein Pferd belastet den Huf einseitig. Du kannst vermuten, dass es eine Gliedmaßenstellung und ein Gangbild hat, das eine Hufseite stärker belastet. Typische Gliedmaßenstellungen sind hierfür bodeneng oder bodenweit.

1 Regelmäßiger Huf: Hier sind die jeweiligen Trachten- und Zehenviertel kaum unterschiedlich.

2 Einseitig belasteter Huf: Das Trachtenviertel (4) und das Zehenviertel (2) haben eine flachere Hufwand und liegen beide in derselben Hufhälfte.

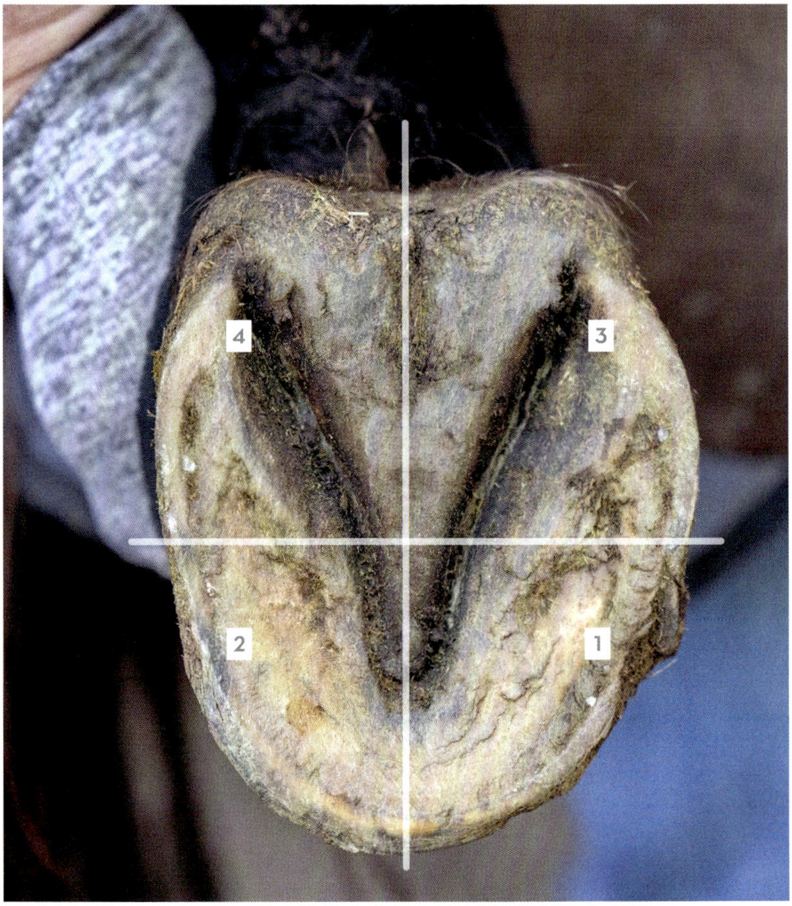

Diagonaler Huf: Die flachen Hufbereiche beim Trachtenviertel (3) und beim Zehenviertel (2) liegen sich diagonal gegenüber.

Der diagonale Huf

Beim diagonalen Huf liegen sich Hufviertel mit flachen beziehungsweise steilen Wandbereichen diagonal gegenüber. Diagonalhufe entstehen, wenn eine Gliedmaße einseitig belastet wird und eine Drehung (Rotation) im Gliedmaßenverlauf vorliegt.

MERKE

Bei einem diagonalen Huf rotiert häufig die Gliedmaße im Zehenbereich nach außen (zehenweit) oder nach innen (zeheneng).

Häufigkeit der Hufformen

Das Auftreten der einzelnen Hufformen ist nicht gleichmäßig verteilt. Der regelmäßige Huf ist eher selten anzutreffen. Schätzungsweise zehn Prozent oder weniger aller Hufe haben eine regelmäßige Form. Die häufigsten Hufformen sind der einseitig belastete Huf und der Diagonalhuf.

Sehr unregelmäßige Hufformen

Unregelmäßige Hufe, also leicht oder mittelstark einseitig belastete beziehungsweise diagonale Hufe, sind häufig anzutreffen. Sie sind grundsätzlich erst mal nicht bedenklich. Je länger die Bearbeitung zurückliegt, desto mehr kann die Einseitigkeit oder Diagonalität zunehmen.
Bedenklich sind solche Hufformen, wenn sie sich sehr schnell nach einem Bearbeitungstermin entwickeln beziehungsweise, wenn ihre Korrektur im Rahmen einer Bearbeitung schwierig ist. Du erkennst das auch daran, dass das Bewegungsbild deines Pferdes unharmonisch wirkt. Häufig beginnen Pferde einen stolpernden Gang zu entwickeln.
Abhilfe: Entwickelt dein Pferd sehr schnell einseitige beziehungsweise diagonal belastete Hufe, ist das für die Knochenstruktur, Gelenke und Bänder, aber auch für die Muskulatur und die Sehnen ungünstig.
Die schnelle Entwicklung solcher Hufformen kann aber auch ein Hinweis auf Erkrankungen sein. Kläre daher vor einer Bearbeitung, ob eine Erkrankung vorliegt. Liegt eine Erkrankung vor, führt dies zu einer anderen Herangehensweise bei der Bearbeitung. Ist dein Pferd gesund, sollte es dein Bearbeitungsziel sein, die Ungleichbelastung der Hufe zu reduzieren:
Einseitig belastete Hufe: Strecke und kürze die einseitig flachen Wandbereiche.
Diagonale Hufe: Strecke und kürze die diagonal gegenüberliegenden, flachen Wandbereiche.
Besonders wichtig ist auch eine Verkürzung des Bearbeitungsintervalls. Bearbeitungsabstände von fünf oder mehr Wochen sind in diesen Fällen eher zu lang. Du kannst deinem Pferd zwischen den Bearbeitungsintervallen helfen, indem du die flachen Hufwandbereiche bearbeitest.

Belastung eines stark diagonalen Hufes: Der Pfeil zeigt an, wie das Pferd den Huf belastet. Es fußt im linken Trachtenbereich auf und fußt im rechten Zehenbereich ab.

Tipp

Beschläge können helfen, eine große Ungleichbelastung der Hufe zu stabilisieren.

Diagonalhuf mit stark abgelaufener seitlicher Zehe (links)

SPEZIALFALL BOCKHUF

Der Begriff Bockhuf bezeichnet allgemein zu steile Hufe. Er ergibt sich aus einer Beugefehlstellung. Die Zehenwand hat dadurch einen Hufwinkel von 60 Grad oder mehr. Er kann angeboren oder im Laufe des Lebens erworben worden sein. Die zu steile Winkelung des Hufes führt zu einer Abweichung des natürlichen Bewegungsablaufs. Ebenso werden wichtige, stoßdämpfende Eigenschaften des Hufes stark eingeschränkt. Dadurch werden Knochen, Gelenke und die Sehnenstruktur deutlich überlastet. Ein Bockhuf kann sowohl an der Vorder- als auch an Hintergliedmaße entstehen. Pferde, die einen Bockhuf haben, können einen unregelmäßigen Gang und Lahmheiten zeigen.

1

2

1 Bockhufe erkennst du gut an steilen Hufwänden.

2 Der geringgradige Bockhuf beginnt ab einem Hufwinkel von 60 Grad.

Bockhuf erkennen

Der erste Hinweis auf einen Bockhuf ist der zu steile Hufwinkel.

Hufwinkel 60 bis 70 Grad: Hier handelt es sich um einen geringgradigen Bockhuf, die Zehenwand steht teilweise senkrecht.

Hufwinkel 70 bis 90 Grad: Hier handelt es sich um einen mittelgradigen Bockhuf, die Trachten berühren häufig nicht mehr den Boden.

Hufwinkel über 90 Grad: Hier handelt es sich um einen hochgradigen Bockhuf.

Hast du keine Möglichkeit, den Hufwinkel zu bestimmen, kannst du gering- und mittelgradige Bockhufe an folgenden Merkmalen erkennen:

Zu steile Zehenwand: Schaust du seitlich auf den Huf, verläuft die Zehenwand in einem auffällig steilen Winkel vom Kronrand in Richtung Boden.

Zu hohe und lange Trachtenwand: Schaust du seitlich auf den Huf, verläuft die Trachtenwand in einem auffällig steilen Winkel vom Kronrand in Richtung Boden.

Zu steile, enge Seitenwand: Schaust du von vorne auf den Huf, verlaufen die beiden Seitenwände vom Kronrand fast senkrecht in Richtung Boden.

Ansteigende Kronrandlinie: Schaust du seitlich auf den Huf, verläuft der Kronrand von der Zehe in Richtung Trachte gleich hoch oder höher.

Rückgebildeter Strahl: Schaust du in den Huf, erkennst du einen schmalen Strahl, der keinen Bodenkontakt mehr hat. Häufig tritt Strahlfäule auf.

Tipp

Einen deutlich hochgradigen Bockhuf erkennst du in der Regel am fehlenden Kontakt der Trachten mit dem Boden.

MERKE

Bockhufe wirken sehr steil und eng. Bemerkst du einen Bockhuf, ist schnelles Handeln wichtig. Je jünger das Pferd ist, desto erfolgreicher sind die Aussichten, den Bockhuf behandeln zu können. Sehr wichtig ist dabei die Absprache und Zusammenarbeit von Hufbearbeiter, Tierarzt und Therapeut.

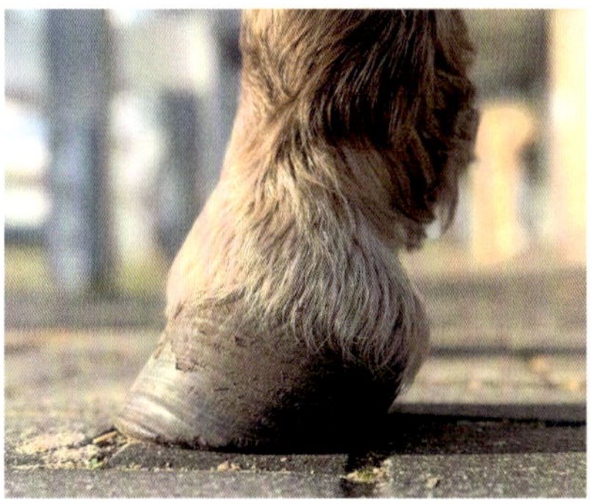

Steiler Huf oder schon Bockhuf? Ab 60 Grad Hufwinkel beginnt der Bockhuf.

Ursachen für einen erworbenen Bockhuf

Der erworbene Bockhuf tritt meist in den ersten Lebensmonaten auf. In der Regel entsteht er durch äußere Bedingungen innerhalb der ersten sechs Monate. Der angeborene Bockhuf hingegen ist bereits bei der Geburt vorhanden. Es gibt eine Vielzahl von Ursachen für die Entstehung von Bockhufen. Das sind die wichtigsten Gründe.

Fall 1: Entwicklung während des Wachstums. Ein schnelles Wachstum der Knochen der unteren Gliedmaßen kann zu einer Verkürzung der tiefen Beugesehne führen. Das führt zu einer Anbeugung der Zehengelenke. Dadurch kann ein Bockhuf entstehen.

Fall 2: Lange Beine und kurzer Hals. Fohlen haben bereits sehr lange Gliedmaßen und im Verhältnis dazu noch einen eher kurzen Hals. Damit ein Fohlen sein Futter bodennah aufnehmen kann, muss es seine Beine weiter auseinanderstellen. Oft stellt es ein Bein bevorzugt weiter nach vorne und das andere Bein weiter unter den Körper. Diese Ungleichbelastung kann auf Dauer dazu beitragen, dass sich ein Huf flacher und der andere steiler entwickelt, was zu einem Bockhuf führen kann.

Fall 3: Verletzung oder Überbelastung. Einseitige Belastung aufgrund einer länger andauernden Verletzung führt zu einer Schonhaltung und Überbelastung. Intensive körperliche Belastung, insbesondere von jungen Pferden, führt ebenfalls zu einer deutlichen Überlastung. Auch stark wechselnde Untergründe, also der Wechsel zwischen sehr festen Böden, auf denen kaum ein Einsinken möglich ist (z. B. harter Paddockboden), und sehr weichen Böden, auf denen ein tiefes Einsinken möglich ist (z. B. tiefer Reitplatzboden), können zu einer Überbelastung führen. Jede Art von Überbelastung kann die Entstehung eines Bockhufes fördern.

Fall 4: Haltungsbedingungen und Bewegungsmangel. Lange Steh- und Boxenzeiten führen durch den Bewegungsmangel zu einer Fehlbelastung der Gliedmaßen. Wenig Platz, eine Heufütterung an der gleichen Stelle sowie zu weiche und zu tiefe Böden begünstigen die Entwicklung eines Bockhufes.

Fall 5: Hufbearbeitung. Eine unsachgemäße Hufbearbeitung kann zu einer Stellungsveränderung der Hufe und damit zu einer Fehlbelastung führen. Aber auch unregelmäßige oder lange Bearbeitungsintervalle können zu Fehlbelastungen führen. Diese Fehlbelastungen können auf Dauer einen Bockhuf verursachen.

Behandlung eines Bockhufes

Wird die Ursache beim Fohlen früh erkannt, ist die Prognose gut! Bei der Behandlung ist es wichtig, das zur Verfügung stehende, enge Zeitfenster einzuhalten. Wichtig dafür sind die ersten sechs Monate nach der Geburt. Wird dieser Zeitraum verpasst, wird der Bockhuf zu einem langfristigen Problem. Pferde mit Bockhufen sollten grundsätzlich immer dem Tierarzt vorgestellt werden, um den weiteren Behandlungsablauf zu klären.

MERKE

Die Maßnahmen und Bearbeitungen an einem Bockhuf dürfen nur in Absprache mit einem Tierarzt erfolgen!

Bockhufe können im Fohlenalter und bei jungen Pferd gut korrigiert werden.

Monat 1 bis 5

Bearbeitung durch einen erfahrenen Schmied oder Hufbearbeiter:

Stufe 1: Kürzen der Trachten, nicht zu sehr, dafür aber in kurzen Intervallen von ein bis zwei Wochen. Anschließend: Laufen auf hartem Boden. Die Box nur zur Hälfte einstreuen.

Stufe 2: Korrektur über Klebebeschläge, die die Zehe verlängern. Die Klebebeschläge wöchentlich, maximal zweiwöchentlich erneuern, damit der Huf mitwachsen kann, sonst besteht die Gefahr der Entwicklung von Zwanghufen. Vor dem Klebebeschlag müssen die Trachten auf das gewünschte

1

MERKE

Durch zu starkes Kürzen der Trachten bei einem Bockhuf kann sich das Hufbein umformen. Die Knochenstruktur im Zehenbereich kann sich abbauen und auch Hufrehesymptome sind möglich.

1 Viel Bewegung ist eine der wichtigen Maßnahmen, um Bockhufen bei jungen Pferden entgegenzuwirken.

2 Bei Bockhufen wird oft der vordere Hufbereich mehr belastet. Dies kannst du gut an Hufabdrücken auf weichem Untergrund sehen.

2

Maß korrigiert werden. Ein positives Ergebnis sollte nach 6 bis 12 Wochen sichtbar sein! Genagelte Beschläge sind nicht zu empfehlen.

Monat 9 und später

Gegebenenfalls operative Maßnahmen in Absprache mit dem Tierarzt.

Ältere Pferde: Je älter Pferde sind, desto schwieriger wird die Behandlung des Bockhufes. Durch Überstrecken der Zehengelenke kann der noch vorhandene anatomische Spielraum geprüft werden. Beim Überstrecken hebt das Pferd den Bockhuf im Moment der Überlastung im Trachtenbereich vom Untergrund ab. Dieser Test sollte unter standardisierten Bedingungen und tierärztlicher Aufsicht durchgeführt werden. Begleitende und vorbereitende therapeutische Maßnahmen sind hier besonders wichtig und sinnvoll.

Bockhufpferde unterstützen

– Durch eine regelmäßige und engmaschige Hufbearbeitung. Stolpert dein Pferd zum Ende des Bearbeitungsintervalls, ist der Abstand zwischen den Bearbeitungen zu lang und muss verkürzt werden.
– Lass dir von deinem Hufbearbeiter oder Hufschmied zeigen, wie du die Trachten zwischen den Terminen kürzen kannst.
– Das tägliche Auskratzen der Hufe verhindert das Eindringen von Fäulnisbakterien. Nutze bei Bedarf Strahlpflegemittel, um Strahlfäule vorzubeugen.
– Verschaffe deinem Pferd mehr Bewegung, z. B. durch eine Verlängerung der Weidezeit oder baue Spaziergänge ein. Ein Wechsel der Haltungsform, die mehr Bewegungsanreize liefert, ist sinnvoll.
– Nutze Wege mit unterschiedlichen Untergründen, um Strahl und Hufe zu stimulieren. Zeigt dein Pferd eine Fühligkeit, solltest du einen Hufschutz verwenden, wie z. B. Hufschuhe.
– Durch die Ungleichbelastung entstehen auch muskuläre Verspannungen. Physiotherapeutische Behandlung kann helfen, diese zu lösen.

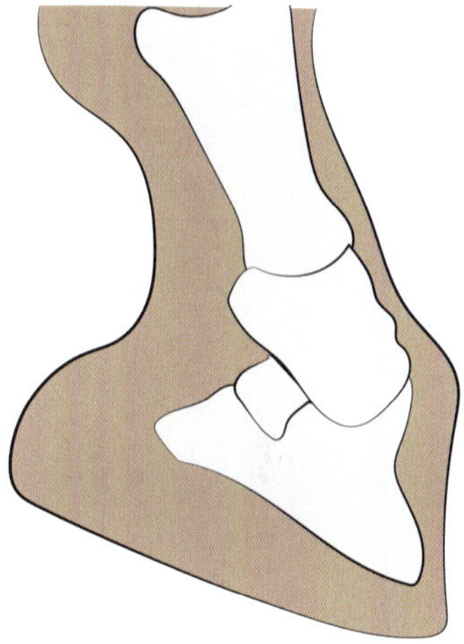

Sehnenstelzfuß:
Der Trachtenbereich berührt nicht mehr den Boden.

Sehnenstelzfuß

Eine besondere Form des Bockhufes ist der Sehnenstelzfuß. Dabei ist die oberflächliche Beugesehne und zum Teil auch die tiefe Beugesehne stark verkürzt, was zu einer Überbeugung in den Zehengelenken führt. Das Fohlen kann seinen Huf nicht korrekt aufsetzen. Es steht auf der Zehenspitze und die Trachten haben keinen Bodenkontakt. Dadurch bekommt auch der Strahl keine Stimulation mehr. Das Fesselgelenk ist bei Pferden mit Sehnenstelzfuß stärker gebeugt (Überköten). Von der Seite aus betrachtet, entsteht der Eindruck, dass die untere Gliedmaße nach hinten abgeknickt ist. Tritt ein Sehnenstelzfuß auf, sollte der Tierarzt hinzugezogen werden.

MERKE

Achtung! Hufrehe ist ein tiermedizinischer Notfall, der schnellstmöglich diagnostiziert und behandelt werden muss!

SPEZIALFALL HUFREHE

Heute erkranken immer mehr Pferde an Hufrehe, was vor ein paar Jahrzehnten noch eine Seltenheit war. Ein „Rehepferd" ist ein krankes Pferd, das ein konsequentes Management benötigt. Doch zuerst müssen wir verstehen, was Hufrehe eigentlich ist. Hufrehe, auch Laminitis genannt, ist eine schmerzhafte, entzündliche Erkrankung im Inneren des Hufes. Dabei ist die Huflederhaut am Hufbeinträger betroffen. Die Huflederhaut besteht aus vielen feinen, blättchenartigen Lamellen. Sie verbindet sich wie bei einem Klettverschluss mit der hornbildenden Epidermis. Die Huflederhaut ist mit dem Hufbein verbunden. Die Verbindung vom Hufbein über den Hufbeinträger zur Hufkapsel ist elastisch und stabil zugleich. So kann das Hufbein bei jedem Schritt sanft abgefedert werden, ungefähr so, als würde es in einer Hängematte liegen.

Eine akute Hufrehe führt zu einer starken Durchblutungsstörung innerhalb der Huflederhaut. Der Hufbeinträger wird dadurch instabil. Die elastische, stabile Verbindung zwischen Hufbein und Hufkapsel entzündet sich und beginnt sich zu lösen. Dadurch kann es zu einer Verlagerung des Hufbeins führen, also zu einer Rotation des Hufbeins oder zu einer Hufbeinsenkung.

Jeder Schritt ist äußerst schmerzhaft. Das Pferd versucht den Zehenbereich und die Sohle zu entlasten, um dem schmerzhaften Druck zu entgehen. Eine deutliche Trachtenfußung entlastet diesen Bereich.

Aus der akuten Hufrehe kann schnell eine chronische Hufrehe werden. Ernsthafte Schädigungen des Gewebes im Huf sind die Folge. Deshalb ist es wichtig, schnell auf die ersten Warnzeichen zu reagieren. Eine schnelle Reaktion schützt dein Pferd vor größeren Problemen.

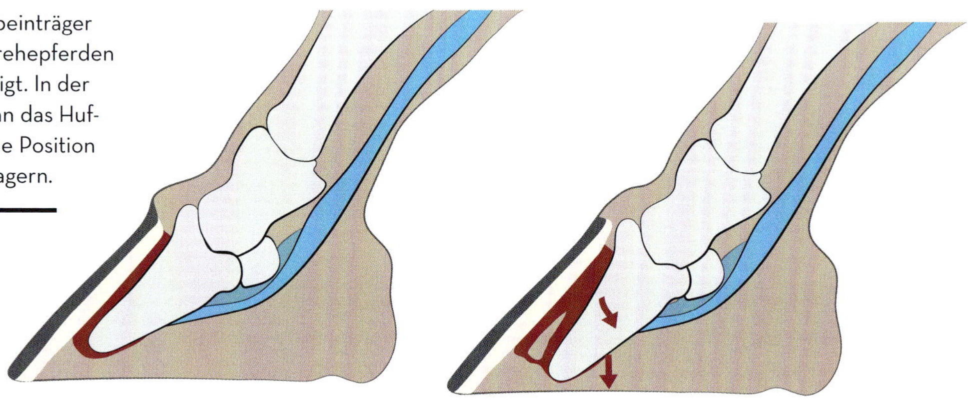

Der Hufbeinträger ist bei Hufrehepferden geschädigt. In der Folge kann das Hufbein seine Position verlagern.

Übergewichtiges Pferd: Diese Pferde haben ein erhöhtes Hufreherisiko.

Anzeichen für akute Hufrehe

Diese Anzeichen können auf eine akute Rehe hindeuten:

– Fühligkeit oder Lahmheit (ein Huf kann stärker betroffen sein)
– verkürzte, zögerliche Schritte, Schmerz beim Wenden
– starke Pulsation an der Mittelfußarterie
– fühlbarer Wärmeanstieg am Kronrand oder Huf
– Pferd entlastet ständig einzelne Hufe, wechselt ihre Belastung
– Sägebockartige Haltung: Die Vorderhufe werden weiter nach vorne gestellt, um die Zehenwand und die Sohle zu entlasten, gleichzeitig schiebt sich die Hinterhand weiter unter den Körper.
– Hufeauskratzen ist kaum noch möglich
– typisches „Schmerzgesicht“, angespannte Nüstern, Sorgenfalten über den Augen

Pferd in Sägebockpostion bei akuter Hufrehe. Der vordere Hufbereich wird durch eine Gewichtsverlagerung auf die Trachten entlastet.

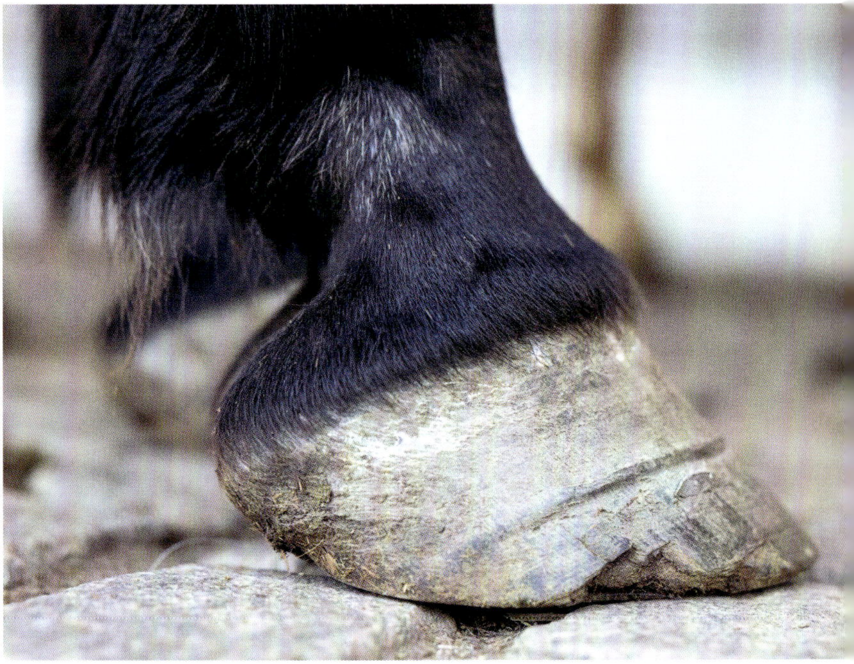

Deutliche Einschnürung der Hornkapsel infolge von Hufrehe

MERKE

Auch einzelne Anzeichen können schon auf eine Hufrehe hindeuten. Die endgültige Diagnose, ob das Pferd an Hufrehe erkrankt ist, kann nur der Tierarzt stellen.

Anzeichen für chronische Hufrehe

Wird eine Hufrehe chronisch, treten diese Anzeichen häufig auf:
– immer wiederkehrendes fühliges Laufen, Taktunreinheiten oder Lahmheiten
– häufiges Stolpern
– Unwilligkeit, sich zu bewegen
– verspannte Schulter- und Rückenmuskulatur

Veränderung der Hufkapsel

– deutliche Rillen oder Ringe an der Hufkapsel, auseinanderlaufende Ringe im Trachtenbereich
– wenig Sohlenwölbung, vor allem im vorderen Sohlenbereich
– dünne Sohle mit ringartigen Einblutungen
– zerrissene Weiße Linie, zum Teil deutlich verbreiterte Weiße Linie, teilweise mit Einblutungen
– abgesunkener Kronrand im Zehenbereich

Auffälligkeiten im Röntgenbild

– Lageveränderung des Hufbeins durch eine Rotation und/oder Senkung
– Rehestrecke
– dünne Sohle

004

Hufrehe erkennen

Das Video zeigt, wie du Hufrehe von außen erkennen kannst.

Ursachen für Hufrehe

Da Hufrehe eine Erkrankung im Bereich des Hufes ist, wird häufig angenommen, dass auch die Ursache im Huf liegt. So entsteht der Irrglaube, dass eine Hufrehe mit einer Hufbearbeitung oder einem Hufbeschlag behoben werden kann. Natürlich sind die Hufbearbeitung und der Hufschutz extrem wichtig für die erfolgreiche Behandlung einer Hufrehe. Bleibt aber die Fütterung, Haltung und Bewegung unverändert, wird es zu immer neuen Reheschüben kommen. Denn meist sind mehrere Faktoren gleichzeitig für die Rehe verantwortlich. Deshalb ist die Ursachenforschung hier entscheidend. Dies sind die häufigsten Ursachen.

Fall 1: Fütterungsbedingte Auslöser (Futterrehe)
– Aufnahme großer Mengen fruktanreicher Gräser, insbesondere in der Anweidezeit im Frühling sowie im Herbst bei kälteren Temperaturen
– Aufnahme großer Mengen leicht verdaulicher Kohlenhydrate (Stärke, Zucker) durch Kraftfutter. Bei Pferden mit Übergewicht oder Stoffwechselstörungen reichen bereits kleine Menge aus.
– zu hohe Zuckerwerte im Heu
– plötzliche Futterumstellungen ohne Anpassungsphase

Fall 2: Giftstoffe (Vergiftungsrehe)
– Aufnahme von Mykotoxinen, z. B. durch schimmliges Heu
– Aufnahme von Giftpflanzen
– Geburtsrehe

Fall 3: Endokrine Erkrankungen (hormonell bedingte Rehe)
– EMS (Equines Metabolisches Syndrom): Übergewicht und Ansammlung typischer Fettdepots, meist in Kombination mit IR
– IR (Chronische Insulinresistenz): Erhöhter Insulinspiegel, fehlende Regulation
– PPID (Pituitary Pars Intermedia Dysfunction): hormonelle Fehlregulation mit Stoffwechselentgleisung, als Equines Cushing-Syndrom bekannt
– PSSM/MiM (genetisch bedingte Stoffwechselstörung): Muskelschwäche, Muskelsteifheit

Fall 4: Mechanische Überlastung (Belastungsrehe)
– einseitige Entlastung durch Verletzungen oder Erkrankungen
– Überbeanspruchung auf sehr harten, steinigen oder unebenen Böden, insbesondere bei untrainierten Pferden
– falsche Hufbearbeitung mit fehlerhafter Stellungskorrektur, Entfernen von zu viel Sohlenhorn und/oder von zu viel Wandhorn

Nach vorne schnabelartig verlängerte Hufwände können ein Anzeichen von Hufrehe sein.

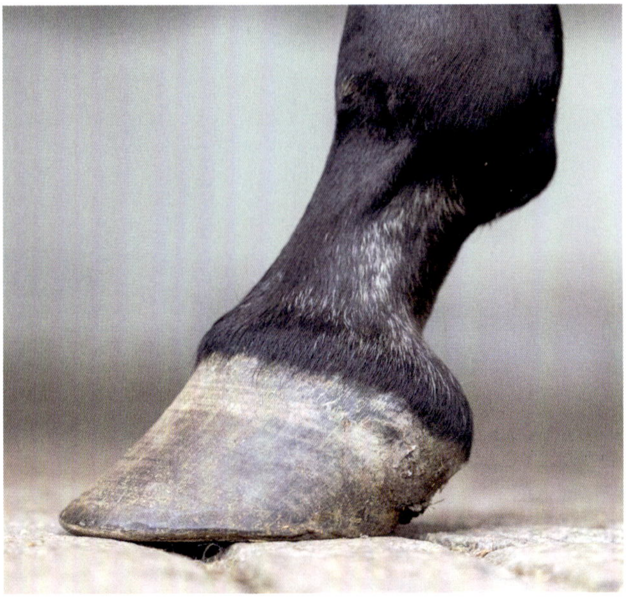

Erste Hilfe bei Verdacht auf Hufrehe

Dein Pferd zeigt deutliche Anzeichen und Symptome einer Hufrehe. Schnelles Handeln ist erforderlich! Dieser Erste-Hilfe-Leitfaden hat sich in der Praxis bewährt und kann dir Orientierung geben.

Tierarzt und Hufbearbeiter informieren: Informiere als Erstes deinen Tierarzt. Er kann in Absprache mit deinem Hufbearbeiter entscheiden, welche Maßnahmen getroffen werden.

Pferd ruhig stellen: Sorge für eine ruhige Box oder einen abgetrennten Bereich im Offenstall. Stelle dein

005

Maßnahmeplan bei Hufrehe

Der Notfallplan bei Hufrehe zum Ausdrucken.

Erstmaßnahme: Streue die Box mit einer hohen Schicht aus Sägespänen ein.

MERKE

Du bist die zentrale Person, um alle beteiligten Personen zu vernetzen und Infos und Daten weiterzugeben.

Pferd unbedingt weich! Achte darauf, dass dein Pferd seine Herde oder seinen besten Freund sehen kann, oder stelle ihm Gesellschaft dazu, damit es ruhig steht.

Kühlen: Durchgängiges Kühlen in den ersten 72 Stunden kann eine Unterstützung sein. Besprich das mit deinem Tierarzt.

Spänebox vorbereiten: Die Box sollte eine mind. 40 bis 50 cm dicke Schicht aus Sägespänen haben. Nur so kann dein Pferd die Zehe eingraben und die Trachten entlasten. Damit reduziert sich der Zug der tiefen Beugesehne und einer Hufbeinverlagerung kann vorgebeugt werden. Stroh, Sand oder Leinstroh eignen sich nicht hierfür.

Fütterung sofort umstellen: Wähle ein fruktanarmes Heu, also mit niedrigem Zuckergehalt. Alternativ kannst du das Heu wässern.

Ab sofort: Kein Gras, kein Kraftfutter, keine Leckerlis. Besprich mit deinem Tierarzt, ob und welches Mineralfutter weitergegeben werden kann. Das ist abhängig von den Inhaltsstoffen und dem Zuckergehalt.

Stressreduktion: Vermeide jede Art von Stress für dein Pferd. Hat dein Pferd große Schmerzen, sprich mit deinem Tierarzt über schmerzlindernde Medikamente.

Ursachen finden

Nach der akuten Versorgung ist es wichtig, dass du herausfindest, was die Ursache der Hufrehe ist, um weitere Reheschübe zu vermeiden. Der Tierarzt hat die Möglichkeit, spezifische Untersuchungen durchzuführen. Folgende Analysen sind wichtig, die du zum Teil selbst übernehmen kannst.

Blutbild und Hormonstatus: Dein Tierarzt entscheidet, welche Parameter er braucht. Häufig werden Tests zur Bestimmung einer Insulinresistenz, ACTH (bei Verdacht auf PPID), der Leberwerte und des Mineralstoffstatus vorgenommen.

Hufe: Dein Tierarzt und Hufbearbeiter oder Hufschmied benötigen ein Röntgenbild zur Beurteilung, der Knochenachse, der Hufbeinlage und des Hufbeinträgers.

Heu- und Futteranalyse: Bevor du eine Reduktion des Futters vornimmst, prüfe den Zucker- und Energiegehalt und mögliche Schimmelbelastung. Durch eine Sammelprobe von dem Heu, das dein Pferd bekommt, kannst du die Werte von einem Labor analysieren lassen. Berate dich am besten auch mit einem Futterexperten.

Prüfe das Gewicht: Das Gewicht und der Ernährungszustand deines Pferdes spielen bei Hufrehe eine wichtige Rolle. Anhand von insgesamt sechs Körperregionen kannst du prüfen, wie die Fettspeicher und der Ernährungszustand deines Pferdes sind. Nutze die beiden folgenden Tabellen „Körperregionen des Pferdes“ und „BCS-Werte“ für eine Analyse.

Checkliste Ernährungszustand des Pferdes

Suche die Körperregion an deinem Pferd. Überprüfe danach in der Tabelle die BCS-Werte. Schätze ein, wie der Ernährungszustand der jeweiligen Körperregion ist. Trage den entsprechenden BCS-Wert in die letzte Spalte der Tabelle bei den jeweiligen Körperregionen ein. Die Auswertung findest du auf Seite 124.

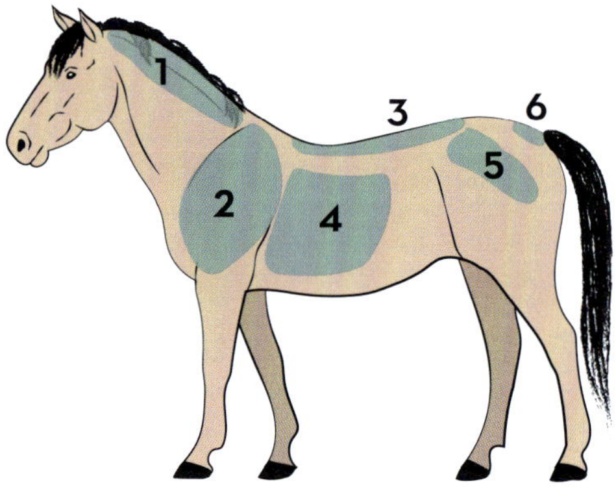

BCS-Regionen: Bereiche, in denen sich bevorzugt Körperfett ansammeln kann

KÖRPERREGIONEN DES PFERDES

Region	Wo	Beschreibung	BCS-Wert 1–9 eintragen
1	Hals	Seitliche Ansicht Halslinie, Atlas sichtbar, Kammfett	
2	Schulter	Schulterblatt, erste Rippen fühlbar oder sichtbar	
3	Rücken	Rippenansätze, Kruppe sichtbar	
4	Brustwand	Rippen sichtbar	
5	Hüfte	Hüfthöcker, Sitzbeinhöcker, Kreuzbein fühlbar	
6	Schweifansatz	Einzelne Wirbel, Linie Sitzbeinhöcker zu Schwanzwirbel fühlbar	

BCS-WERTE (BODY CONDITION SCORE)

BCS-Wert	Ergebnis	Allgemeine Beschreibung des Pferdes	Bedeutung
1	Diese Region sieht unterernährt aus.	Kaum Körperfett vorhanden. Knochenvorsprünge (Rippen, Dornfortsätze, Schweifansatz) sind sehr deutlich zu erkennen.	Damit dein Pferd Muskeln aufbauen kann, braucht es einen BCS von 5. Sonst hat dein Pferd nicht genügend Energie frei.
2	Diese Region sieht mager aus.	Körperfett ist minimal vorhanden, Knochenvorsprünge (Rippen, Dornfortsätze, Schweifansatz) sind deutlich zu erkennen.	Damit dein Pferd Muskeln aufbauen kann, braucht es einen BCS von 5. Sonst hat dein Pferd nicht genügend Energie frei.
3	Diese Region sieht dünn aus.	Wenig Körperfett an Schweif- und Dornfortsätzen, Hüfthöcker stehen noch hervor, am Hals, Widerrist und Schultern sind die Konturen deutlich sichtbar.	Damit dein Pferd Muskeln aufbauen kann, braucht es einen BCS von 5. Sonst hat dein Pferd nicht genügend Energie frei.
4	Diese Region sieht schlank aus.	Leichtes, dünnes Körperfett an Schweif- und Dornfortsätzen, Hüfthöcker stehen nicht mehr vor. An Hals, Widerrist und Schultern zeichnen sich die Konturen ab.	Damit dein Pferd Muskeln aufbauen kann, braucht es einen BCS von 5. Sonst hat dein Pferd nicht genügend Energie frei.
5	Diese Region sieht normal aus.	Rippen sind nur leicht erkennbar, die Konturlinien von Hals, Widerrist und Schultern sind etwas runder.	Dein Pferd liegt im Norm- oder Idealbereich.
6	Diese Region sieht rundlich aus.	Über Schultern, Rücken und Kruppe weiche Fettansätze.	Dein Pferd liegt gerade noch so im Normbereich.
7	Diese Region sieht dick aus.	Über Schultern, Rücken und Kruppe deutliche Fettansätze, Hals zeigt bereits einen Fettkamm.	Es besteht dringend Handlungsbedarf. Akute Gefahr für Hufrehe sowie weitere Schäden für den gesamten Stoffwechsel und Organismus.
8	Diese Region sieht fett aus.	Deutliche Fettansätze an Schultern, Rücken und Kruppe, harter und deutlich ausgeprägter Fettkamm.	Es besteht dringend Handlungsbedarf. Akute Gefahr für Hufrehe sowie weitere Schäden für den gesamten Stoffwechsel und Organismus.
9	Diese Region sieht extrem fett aus.	Überdeutliche Fettansätze an Schultern, Rücken und Kruppe, harter und deutlich ausgeprägter Fettkamm. Rippen sind nicht mehr fühlbar.	Es besteht dringend Handlungsbedarf. Akute Gefahr für Hufrehe sowie weitere Schäden für den gesamten Stoffwechsel und Organismus.

AUSWERTUNG

Trage in die Tabelle „Körperregionen des Pferdes" den jeweiligen BCS-Wert ein. Addiere alle Werte und ermittle den Durchschnitt (teile sie durch 6). Daraus ergibt sich eine Beurteilung des Ernährungszustands.

BCS 1 bis 3:
Dein Pferd ist zu dünn. Der BCS **1 bis 2 ist lebensbedrohlich.**

BCS 4 bis 6:
Dein Pferd ist im Normbereich. Sein Gewicht ist normal.

BCS 7 bis 9:
Dein Pferd ist deutlich zu dick. Der BCS **8 bis 9 ist lebensbedrohlich**.

HUFREHE-MANAGEMENT

Auch wenn dein Pferd nur einmal Hufrehe hatte und diese erfolgreich behandelt wurde, benötigt es künftig deine besondere Aufmerksamkeit. Eine deutliche Veränderung der Lebensbedingungen deines Pferdes ist in den meisten Fällen notwendig, um weitere Reheschübe zu verhindern. Einige Dinge kannst du schnell und einfach umsetzen, andere sind aufwendiger oder brauchen etwas Zeit. Wenn du unsicher bist, lass dich von einem Experten für Hufrehe beraten.

Kräuter können entzündungshemmend wirken. Lasse dich beraten.

Fütterung

Die Umstellung der Fütterung deines Pferdes sollte direkt erfolgen.
Kein Gras: Dein Pferd darf die ersten Monate nach der Hufrehe nicht mehr aufs Gras. Das heißt aber nicht, dass es nie wieder auf die Weide darf. Hält dein Pferd einen BCS unter 7, dann spricht nichts dagegen, wieder stundenweise auf die Weide zu gehen. Wie lange die Weidezeit sein kann, ist abhängig von der Art der Weide und der gesamten Futtermenge.
Heufütterung: Sprich zuerst mit deinem Tierarzt über die richtige Menge an Heu. Eine zu schnelle Reduktion der Futtermenge kann zu ernsthaften

Stoffwechselproblemen deines Pferdes führen. Hast du die richtige Menge an Heu ermittelt, ist es wichtig, auf die Zuckerwerte zu schauen. Ideal ist ein Wert bis 6 %. Hast du höhere Werte, kannst du das Heu wässern, um den Gehalt etwas zu reduzieren.
Kraftfutter: Getreide, Müsli oder Pellets solltest du erst mal komplett weglassen. Damit dein Pferd aber nicht unterversorgt ist, braucht es gegebenenfalls Ergänzungsfutter, welches zum Beispiel proteinhaltig ist.
Mineralfutter: Mineralfutter darf und sollte dein Pferd bekommen. Achte bei der Auswahl deines Mineralfutters auf möglichst geringe Zuckerwerte. Empfehlenswert sind melasse- und getreidefreie Mineralfutter. Frisst dein Pferd zuckerarmes Mineralfutter nicht gerne, kannst du es mit einer kleinen Portion getreidefreiem Mash oder Heucobs füttern. Beachte unbedingt, dass auch Mash und Heucobs zur Gesamtfuttermenge pro Tag zugerechnet werden müssen.
Körpergewicht: Die wahrscheinlich schwierigste Aufgabe bei stark übergewichtigen Pferden ist, eine langsam und schrittweise Gewichtsreduktion durchzuführen. Eine regelmäßige Überprüfung der Leberwerte ist sinnvoll.
Stoffwechselstabilisierende Maßnahmen: Es gilt den Stoffwechsel deines Pferdes langfristig zu stabilisieren. Lass dich von deinem Tierarzt, einem Tierheilpraktiker oder einem Experten für Pferdeernährung beraten. Insbesondere Kräuter sollten bei Rehepferden nicht ohne entsprechende Fachkenntnisse verabreicht werden.

Gestalte deinen Trail mit unterschiedlichen Bewegungsanreizen.

Haltung und Bewegung

Dein Pferd benötigt dauerhaft eine angepasste Haltung, um es vor neuen Reheschüben zu schützen.
Haltungsformen: Viele Offen- und Aktivställe bieten inzwischen eine weidefreie Haltung an. Aber auch

immer mehr klassische Pferdeställe nutzen große, befestigte Auslaufflächen als Alternative zur Weide.

Untergründe im Stall: In der Anfangszeit braucht dein Pferd weiche Böden, wie z. B. Gummimatten oder Sägespäne. Nach der ersten Akutphase kann dein Pferd auf weiteren Bodenbelägen wie Sand, Paddockplatten oder Naturboden stehen. Für die Hufgesundheit eignen sich besonders Laufwege oder Paddockflächen mit einer ca. 10 cm starken Schicht Rundkies.

Bewegung: Ist die Schmerzphase vorbei und hat dein Tierarzt grünes Licht für Bewegung gegeben, starte am besten mit Spaziergängen, kleinen Wanderungen oder Bodenarbeit. Gerade in den ersten Monaten ist es wichtig, auf das Reiten zu verzichten. Nach einer Röntgenkontrolle kann dir dein Tierarzt sagen, wann du wieder vorsichtig mit dem Reiten beginnen darfst.

Hufschuhe können dir bei der Hufreheversorgung helfen.

MERKE

Hufrehe ist behandelbar! Mit deinem Wissen, deiner Geduld und der richtigen Begleitung wird dein Pferd wieder auf gesunden Hufen durchs Leben gehen können. Dabei bist du der wichtigste Partner für dein Pferd. Deine Disziplin ist der Schlüssel auf dem Weg zu seiner Genesung.

Hufbearbeitung und Hufschutz

Eine professionelle Hufbearbeitung ist unerlässlich, damit dein Pferd aus dem Hufrehe-Geschehen herauskommt.

Hufbearbeitung: Die Hufe müssen so bearbeitet werden, dass das Hufbein und die Hufkapsel wieder eine starke Verbindung bekommen. Dabei sind je nach Stand der Hufrehe verschiedene Arbeitstechniken am Huf erforderlich. Hol dir dafür einen erfahrenen Hufbearbeiter, der sich mit diesen Arbeitstechniken auskennt.

Hufschuhe: Verschiedene Polstermöglichkeiten in Kombination mit einem dauerhaften Hufschuh können eine Verlagerung des Hufbeins in der Hufkapsel verhindern. Die Therapie mit einem Polster erfolgt für mindestens drei Monate. Konnte eine Hufbeinverlagerung nicht verhindert werden, muss das Polster den Huf auch weiterhin unterstützen. Im Film zeigen wir dir, wie du ein solches Polster selbst herstellen kannst!

006

Hufrehepolster anlegen

Im Film siehst du, wie du ein Polster selbst anfertigen kannst.

HUFREHEPOLSTER HERSTELLEN

Hufrehe kann dein Pferd plötzlich treffen. Damit du für diesen Fall gut vorbereitet bist, sollte deine Stallgemeinschaft ein Hufrehe-Notfall-Kit bereit halten. Damit kannst du deinem Pferd direkt helfen und die Zeit bis zum Tierarzttermin gut überbrücken.

1
Dein Hufrehe-Notfall-Kit beinhaltet: Hufrehepolster, Aktivator, Babypuder, Einmalhandschuhe und ein Abstellbrett.

2
Pudere den Huf leicht vor.

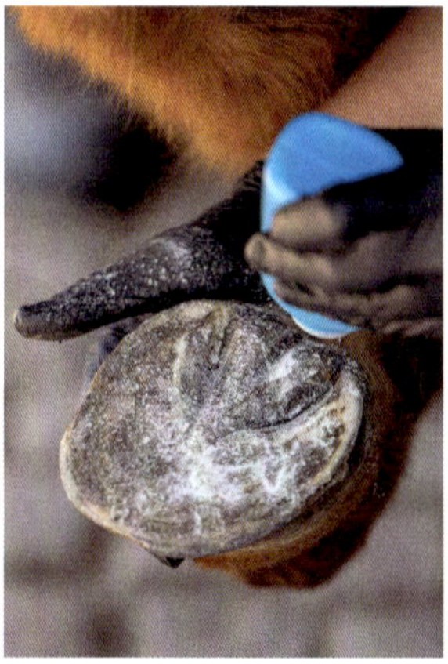

3
Wähle die zum Huf passende Menge an Polster und überprüfe sie am Huf.

4
Füge die benötige Menge Aktivator hinzu (siehe Packungsbeilage).

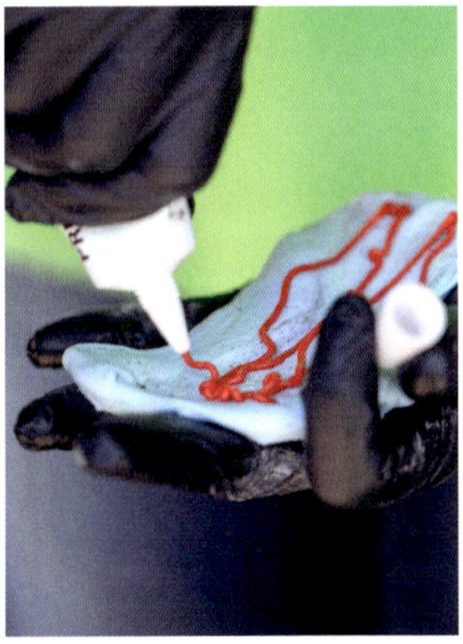

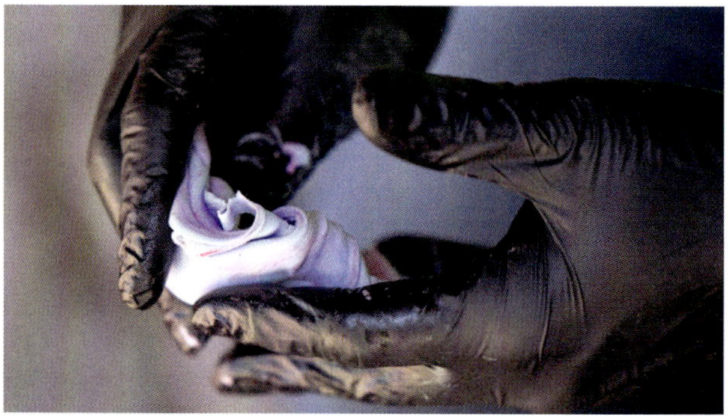

5
Bringe den Aktivator gleichmäßig in das Polster ein.

6
Drücke das Polster bevor es aushärtet in den Huf ein, sodass es zunächst leicht über den Tragrand hinausragt. Wichtig: Die Strahlspitze muss frei bleiben.

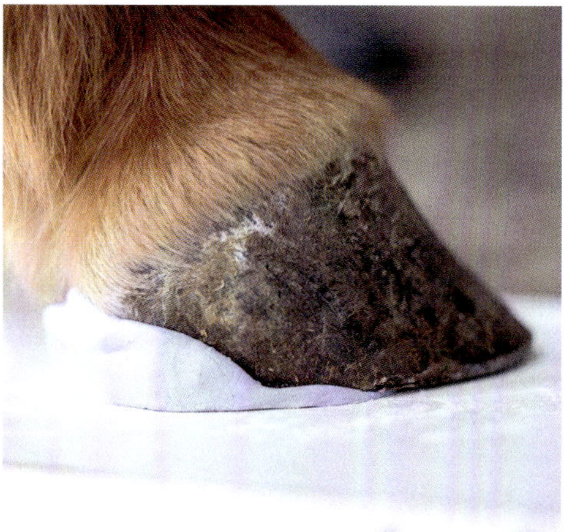

7 Gib etwas Puder auf das Brett und stelle den Huf ab. Achte darauf, dass das Pferd beide Vorderbeine belastet.

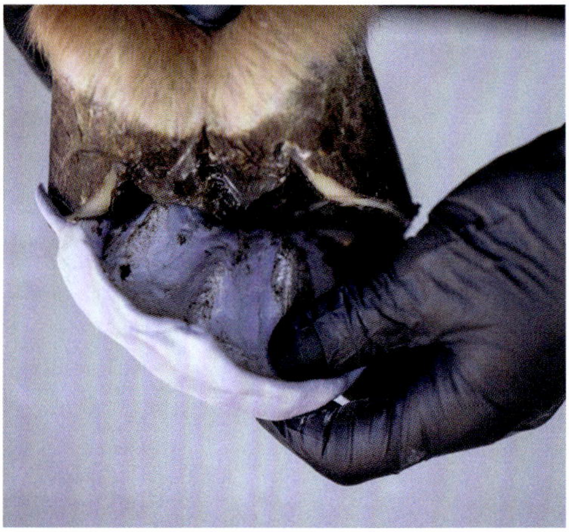

8 Entferne das Polster nach dem Aushärten aus dem Huf. Infos zur Aushärtzeit findest du in der Packungsbeilage.

9 Schneide das Polster zu. Achte darauf, dass das Polster die Strahlspitze nicht bedeckt und seitlich bis an den Tragrand heranreicht.

10 Runde das Polster im Trachtenbereich an und entferne überschüssiges Material.

11 Setze das Polster in den Huf ein und kontrolliere die Passform. Es sollte gut und stabil im Huf liegen.

12 Verwende das Polster mit Hufschuhen. Fixiere es vor dem Anziehen mit einem Gewebeband am Huf.

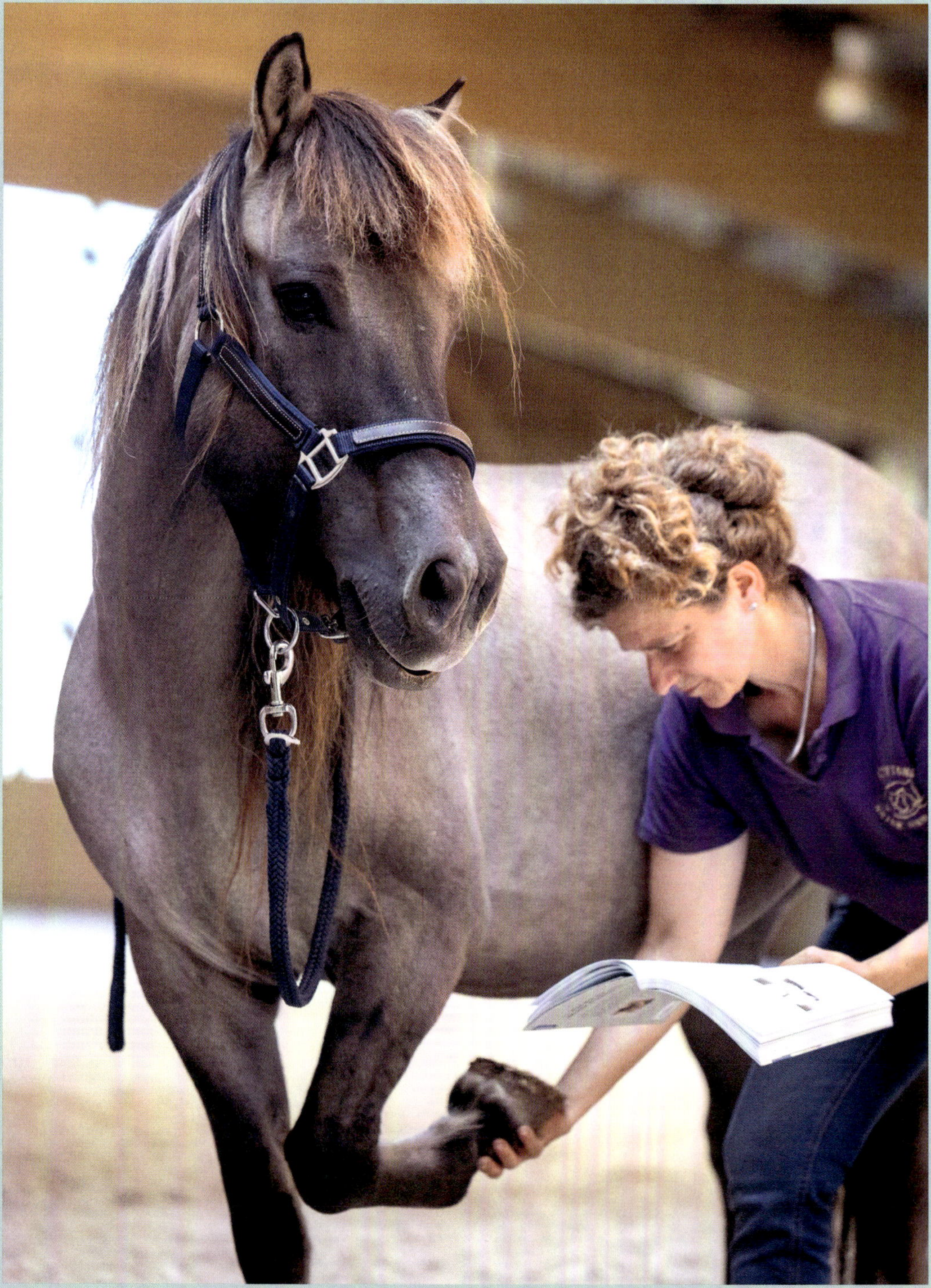

HUFKONTROLLE

Nutze Checklisten für das Gesundheitsmanagement deines Pferdes.

LEVEL 6

Checkliste besonders problematische Hufsituationen

In dieser Liste findest du Hufsituationen, die besonders problematisch sind. Damit kannst du dein Pferd beurteilen. Vergib dazu Punkte zu den Situationen, die du vorfindest.

PUNKTEVERGABE

0 Punkte:
Dein Pferd zeigt diese Hufsituation nicht.

1 Punkt:
Dein Pferd zeigt diese Hufsituation.

AUSWERTUNG

Addiere die Punkte aus der Auswertung.

0 Punkte insgesamt:
Top, dein Pferd zeigt keine besonders problematische Hufsituation.

1 bis 2 Punkte insgesamt:
Die Hufe deines Pferdes zeigen einen Handlungsbedarf. Schaue dir die Tipps zur Bearbeitung an und entscheide, ob du das selbst lösen kannst oder einen Experten hinzuziehen möchtest.

3 und mehr Punkte insgesamt:
Die Hufe deines Pferdes zeigen einen erhöhten Handlungsbedarf. Ziehe einen Experten hinzu.

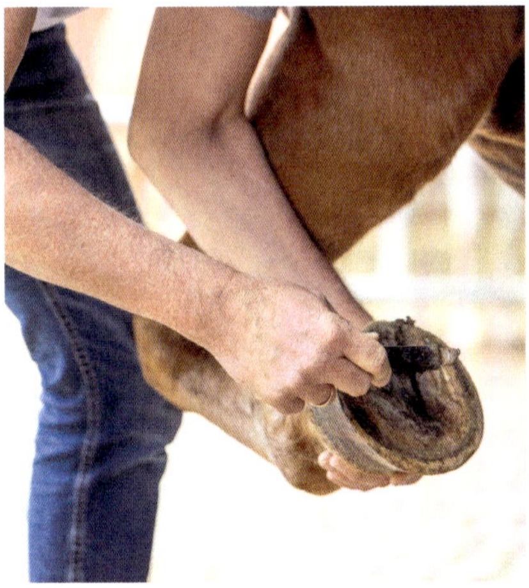

Reinige die Hufe vor jedem Check.

CHECKLISTE HUFSITUATIONEN

Situation	Bedeutung	Folgen	Punkte	Tipps für Bearbeitung auf Seite
1 Deutlicher Zehenabweiser und deutliche Zehenrichtung an einem Huf	Dein Pferd fußt verstärkt einseitig ab. Zu vermuten ist eine stärkere einseitige oder diagonale Belastung des Hufes.	Diese Situation ist für Knochen, Gelenke, Sehnen und Muskeln sehr belastend.		96 98
2 Eine Trachte ist stärker zur Hufmitte und/oder in Richtung Hufzehe untergeschoben.	Dein Pferd belastet diesen Huf entweder stärker einseitig oder stärker diagonal. Einer der beiden hinteren Hufbereiche wird dabei überlastet.	Hier können Probleme für Gelenke auftreten. Die Arthrosegefahr ist erhöht. Die Strukturen im überlasteten Hufbereich können geschädigt werden.		100
3 Beide Trachten sind beidseitig stärker in Richtung Hufzehe untergeschoben, längliche Hufform.	Die Hufstellung deines Pferdes ist deutlich zu flach.	Das hat weitreichende Folgen für dein Pferd: Gelenke, Sehnen und Muskulatur sind überlastet. Oft tritt eine Überlastung der Beugesehnen und des Fesselträgers auf. Auch eine Überlastung des Hufrollenapparates kann auftreten. Belastet werden zudem die vorderen Knochenbereiche der Gelenke. Flache Hufe verschlechtern auch die Verdauung deines Pferdes. Probleme im Bereich des Zungenbeins können auftreten und sich reiterlich bemerkbar machen.		102
4 Hohe Trachtenwände	Die Trachtenwände sind hoch ausgebildet, der Strahl ist unterentwickelt und zeigt häufig Strahlfäule.	Die Knochenstruktur ist überlastet. Hufwinkel von mehr als 60 Grad kennzeichnen einen Bockhuf. Strahlfäule kann auftreten. Der Strahlbereich ist schmerzempfindlich.		48 102
5 High/Low auf der Vorhand	Ein sichtbarer Unterschied in den Hufwinkeln auf der Vorhand kann bedenklich sein. Oft ist der linke Huf etwas mehr belastet, diese Trachten sind etwas flacher.	Ist der Unterschied deutlicher, kann das ein Hinweis auf Erkrankungen, zu starke Einseitigkeit, mentalen Stress, schlechtes Training und natürliche Schiefe sein.		105

Situation	Bedeutung	Folgen	Punkte	Tipps für Bearbeitung auf Seite
6 Sehr einseitige oder diagonale Hufe mit zu flachen Hufwandbereichen	Die Gliedmaße belastet den Huf sehr ungleichmäßig. Bei diagonalen Hufen zeigt sie in ihrem Verlauf auch eine Drehung/Rotation.	Es besteht eine erhöhte Erkrankungsgefahr für Knochen, Gelenke, Sehnen und Bänder. Dein Pferd zeigt ein gestörtes Laufverhalten. Das Training sollte reduziert oder angepasst werden, bis die Hufsituation verbessert werden konnte.		109
7 Linker Hinterhuf einseitiger	Der linke Hinterhuf zeigt von Natur aus oft eine stärkere Einseitigkeit als der rechte Hinterhuf.	Ist diese stärker ausgeprägt, kann das ein Hinweis auf eine Erkrankung oder eine stärkere natürliche Schiefe in Verbindung mit einer Verdauungs- und Futterproblematik sein. Dauert diese Situation an, besteht die grundsätzliche Gefahr, dass sich Spat (Arthrose im Sprunggelenk) entwickelt.		109 149
8 Bockhuf	Die Zehenwand hat einen Hufwinkel von 60 Grad oder mehr. Der Strahl ist rückgebildet und verkümmert.	Es besteht ein hohes Risiko für Sehnen- und Gelenkprobleme. Aufgrund eingeschränkter Hufbalance können Schulter- und Rückenverspannungen auftreten.		110 112 ff.
9 Sehnenstelzfuß	Der Huf steht auf der Zehenspitze. Die Trachten berühren den Boden nicht mehr.	Das Fesselgelenk ist durch die verkürzten Sehnen deutlich überbeugt. Der Strahl bekommt keinen Bodengegendruck mehr und verkümmert. Dein Pferd zeigt ein gestörtes Laufverhalten.		115
10 Akute Hufrehe	Schmerzhafte Lahmheit, meist beidseitig, Pulsation fühlbar	Durch die Entzündung und die gestörte Durchblutung kann es zu einer Verlagerung des Hufbeins kommen. Kontaktiere einen Tierarzt. Eine schnelle Behandlung mit einem Hufschutz und Polster, weiche Spänebox und angepasster Fütterung ist notwendig.		116 ff.
11 Chronische Hufrehe	Fühligkeit oder Lahmheit, Veränderung der Struktur der Hornkapsel durch Ringe oder Rillen, geschädigte Weiße Linie, Einblutungen, wenig Sohlenwölbung	Kontrolle und Begleitung durch regelmäßige Röntgenbilder, angepasste Haltung und Nutzung, angepasste Hufbearbeitung.		118

Huf-Steckbrief

Du hast Level 1 bis 6 erfolgreich erarbeitet. Damit du dein neues Wissen überprüfen kannst, haben wir einen Steckbrief vorbereitet. Er zeigt dir einen linken Vorderhuf. Schau dir das Pferd und die Hufsituation an. Wo siehst du Bearbeitungsbedarf? Verschiedene Blickwinkel auf den Huf sollen dir helfen, diese Frage zu beantworten. Unterstützt wirst du dabei von einer digitalen Hufanalyse per App.

DAS PFERD

Belvoir d'Or ist ein zehnjähriger Wallach. Er ist ein Trakehner-Berber-Mix und wird als Freizeitpferd genutzt.

Seitenansicht Belvoir:
Schaust du dir dieses Pferd von der Seite an, dann erkennst du, dass es auf der Vorhand leicht rückständig steht.

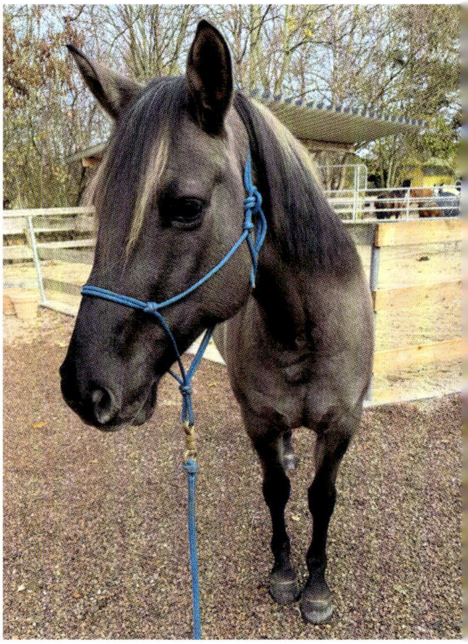

Gliedmaßenstellung der Vorhand von Wallach Belvoir
Von vorne betrachtet siehst du seine bodenenge Stellung.

Frontalansicht linker Vorderhuf vor der Bearbeitung

Nutze verschiedene Blickwinkel, um den Huf zu beurteilen. Starte mit der Ansicht des Hufes von vorne.

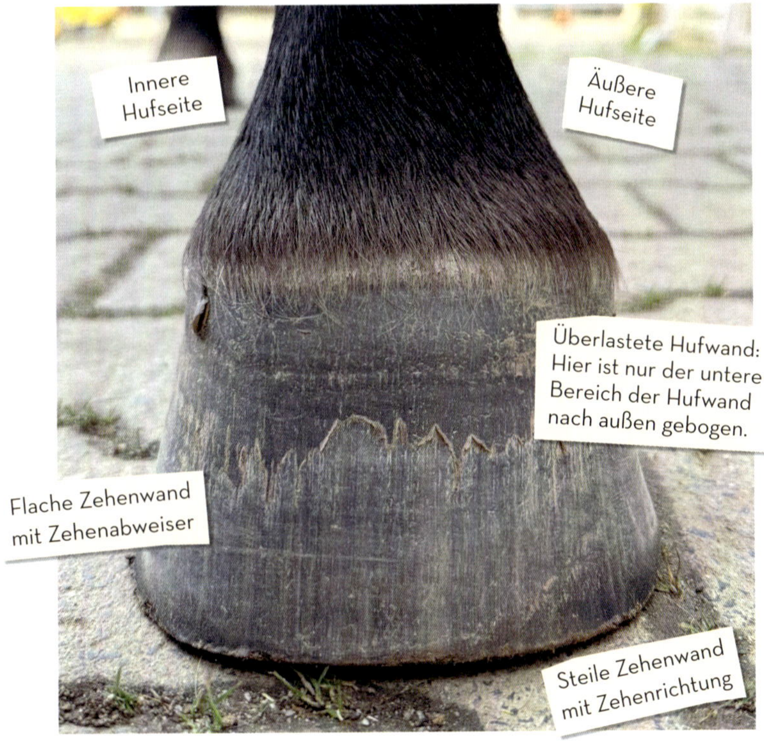

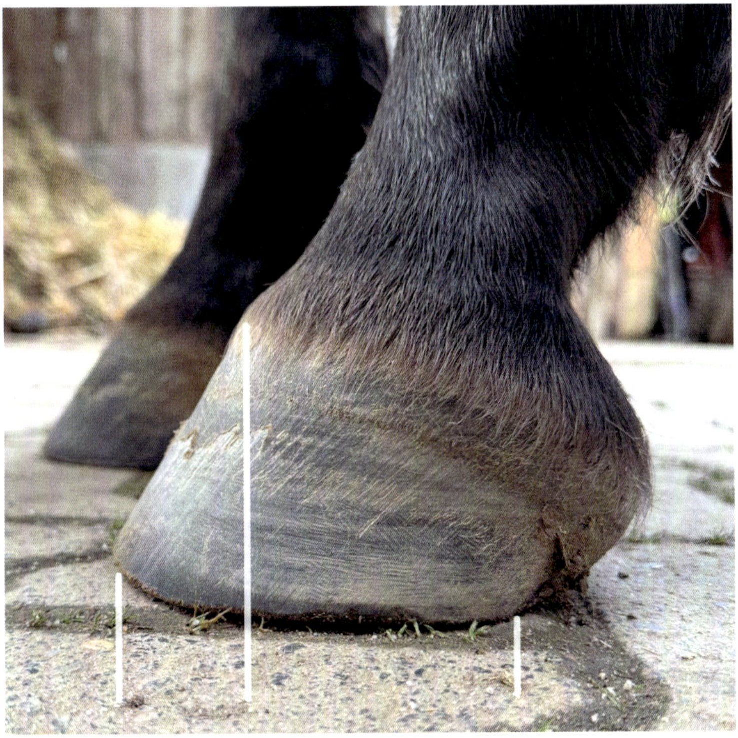

Seitenansicht linker Vorderhuf vor der Bearbeitung:

Der Hut steht weder auffällig steil oder flach. Der Fesselstand ist weitgehend passend.

Sohlenansicht linker Vorderhuf vor der Bearbeitung:

Sehr wichtig für deine Hufanalyse ist der Blick von unten auf den aufgehobenen Huf. Aus dieser Ansicht kannst du viele Informationen gewinnen.

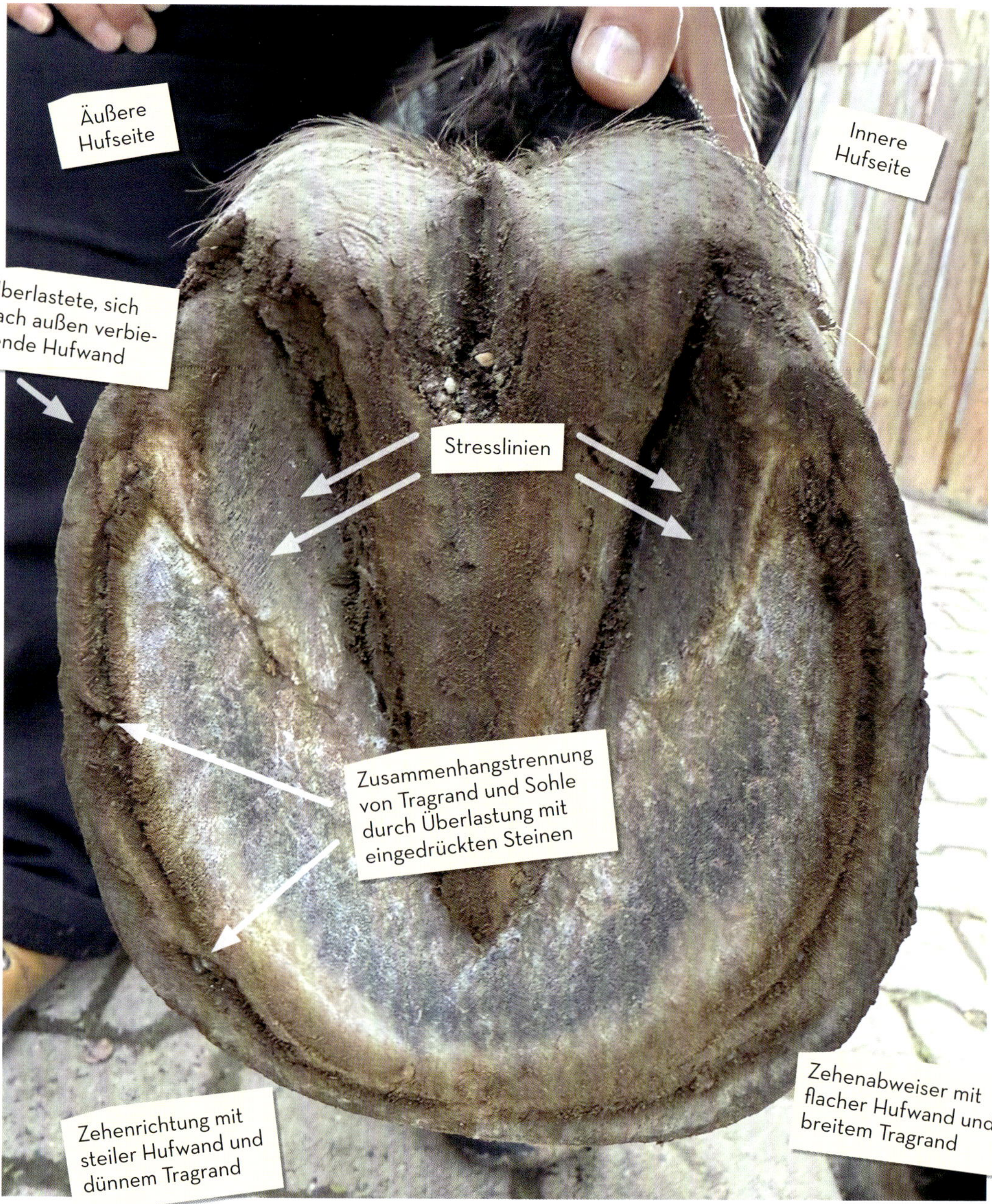

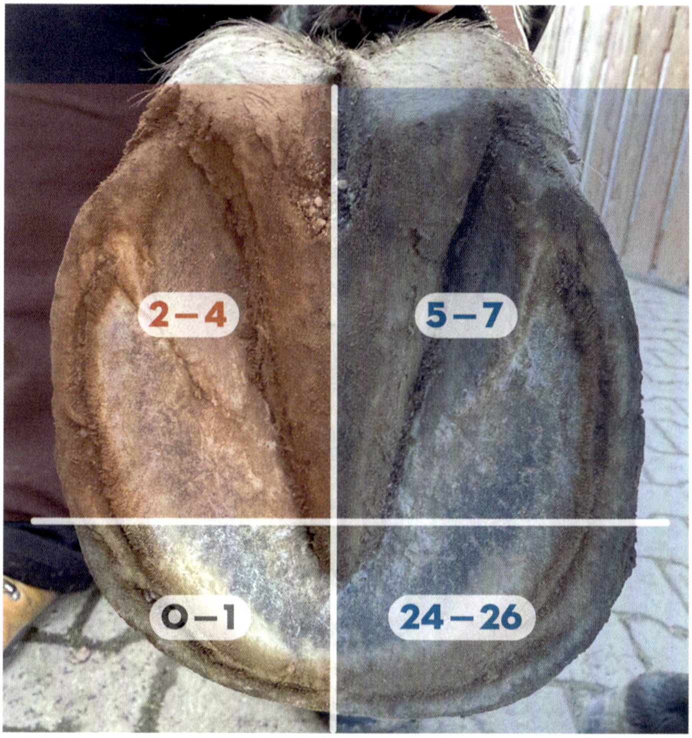

Digitale Beurteilung der Hufsituation per LTZ-Huf-App

Rot: Überlasteter Hufbereich auf der Hufaußenseite

Blau: Flache Wandbereiche auf der Hufinnenseite. Der Blauwert ist im Zehenbereich am größten. Hier hat der Huf einen deutlichen Zehenabweiser.

Tipp

Analyse per App: Mehr Infos zur LTZ-Huf-App findest du im App Store oder bei Google Play.

DIGITALE ANALYSE

Inzwischen gibt es auch die Möglichkeit, Hufe per Handy-App digital zu analysieren. Diese Analyse zeigt dir das gleiche Ergebnis wie deine visuelle Analyse. Ergänzend berechnet die App die Ungleichbelastung des Hufes, diese liegt bei 27 %. Das ist ein mittelhoher Wert.

ZUSAMMEFASSUNG DER HUFSITUATION

Im Stand hast du die bodenenge Stellung der Vorhand erkannt. Sie lässt erwarten, dass der Huf einseitig belastet wird. Die äußere Hufwand wird mehr belastet und es entwickelt sich dort eine steile und und zugleich auch überlastete Hufwand. Unter dieser Last biegt sich die Hufwand im unteren Tragrandbereich bogenförmig nach außen. Dadurch kommt es zu einer Zusammenhangstrennung von Sohle und Tragrand. Es entstehen Vertiefungen in der Weißen Linie, in die sich Steine eindrücken.
Die Zehenrichtung an der äußeren Zehe zeigt dir, dass das Pferd in diesem Bereich abfußt.
Die innere Hufwand ist flacher und entlastet. Besonders deutlich erkennst du das im Bereich der inneren Zehe. Dort hat sich ein Zehenabweiser mit einem breiten Tragrandbereich entwickelt.
Die digitale Analyse bestätigt diese Einschätzung. Sie ergibt einen Wert von 27 % für die Ungleichbelastung des Hufes. Diesen Wert kannst du nutzen, um die durch die Bearbeitung erzielte Verbesserung messbar zu machen.

DIE BEARBEITUNG

Der linke Vorderhuf wurde bearbeitet. Die Bilder zeigen dir die Bearbeitungsmaßnahmen in den verschiedenen Hufbereichen.

Tipp

Unterstütze die Vertiefung mit Pflegemitteln.

ERGEBNIS DER BEARBEITUNG

Durch die Bearbeitung hat sich die Hufsituation deutlich verbessert. Du siehst beim Blick von vorne auf den Huf, dass er besser in Balance steht und auch die Gliedmaße gleichmäßiger belastet wird. Die digitale Analyse bestätigt dies. Die ermittelte Ungleichbelastung konnte deutlich reduziert werden. Sie beträgt jetzt nur noch 15 %. Der Anteil der flachen Hufwände auf der Innenseite wurde reduziert. Dieser Anteil sollte nicht ganz verschwinden, da auch der bearbeitete Huf zu der bodenengen Gliedmaßenstellung und dem damit verbundenen Gangbild des Pferdes weiter passen muss.

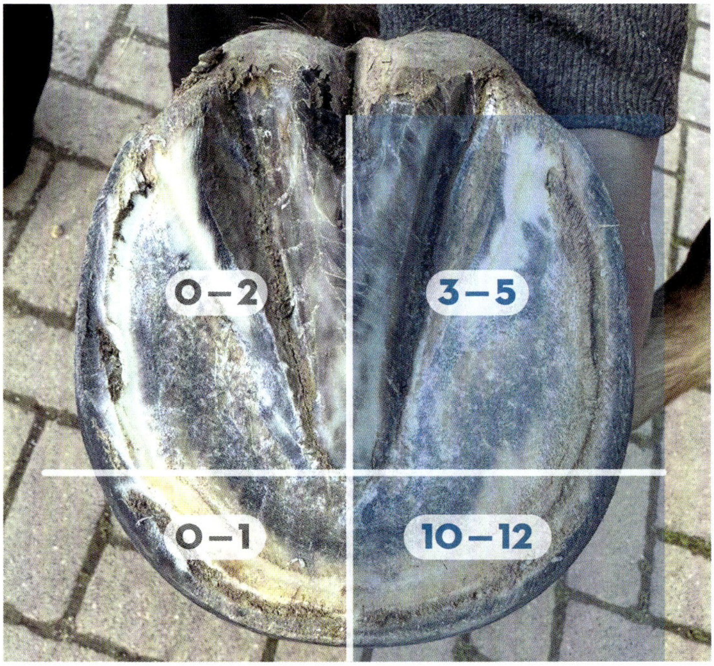

Sohlenansicht linker Vorderhuf nach der Bearbeitung: Digitale Analyse. Der Anteil der flachen inneren Hufbereiche (blaue Werte) wurde deutlich reduziert.

Frontalansicht linker Vorderhuf nach der Bearbeitung:

Die innere Hufwand steht nun senkrechter. Der Zehenabweiser wurde entfernt. Das Pferd kann nun auch an der inneren Zehe besser abfußen.

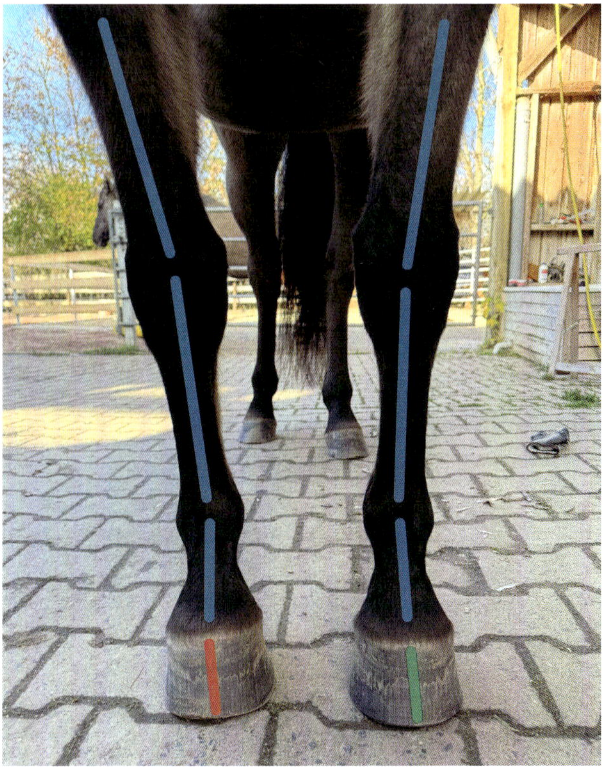

Gliedmaßenstellung nach der Bearbeitung:

Die Stellung der linken Vorhand des Pferdes ist nach der Bearbeitung entspannter.

AKTUELLE FORSCHUNGSERGEBNISSE

Neues Wissen zu Huf, Pferd und Bewegung stellt bisherige Konzepte stets infrage.

LEVEL 7

Das neue Hufverständnis

Viele Theorien zur Hufbearbeitung konzentrieren sich auf die Struktur des Hufes. Das ist grundsätzlich erst mal richtig. Wird die Anatomie und das Bewegungsmuster des Pferdes nicht in die Hufbeurteilung miteinbezogen, ist diese Sichtweise unvollständig! Doch auch die Aspekte Anatomie und Bewegung sind für ein komplettes Hufverständnis nicht ausreichend.

BLICK ÜBER DEN TELLERRAND

In vielen Hufbearbeitungstheorien wurde begonnen, Aspekte der Biomechanik in die Hufanalyse verstärkt miteinzubeziehen. Die Biomechanik beschreibt das Zusammenspiel von Huf, Knochen, Gelenken und Muskulatur im Stand und in der Bewegung des Pferdes. Damit wird das Pferd ganzheitlich betrachtet und analysiert. Das ist die zeitgemäße Sichtweise auf den Huf, an der wir heute nicht mehr vorbeikommen! Deshalb ist es auch für Hufbearbeiter so wichtig, sich mit der Anatomie des Pferdes zu beschäftigen. Das Wissen über die Anatomie in Verbindung mit einer Ganganalyse gehört heute zu den Grundkenntnissen eines jeden professionellen Bearbeiters.

Begebe dich gemeinsam mit deinem Pferd auf neue „Huf"-Wege.

NEUE FORSCHUNGS-ERGEBNISSE

Aber auch das reicht inzwischen nicht mehr aus, um das Pferd in seiner Ganzheit zu erfassen! Die wissenschaftliche Forschung rund um das Pferd hat in den letzten Jahren deutliche Fortschritte gemacht. Dabei hat sie zwei Themen auf die Tagesordnung gesetzt, die unser Wissen um den Huf und dessen Bearbeitung neu definieren!
Das sind die Themen „Einseitigkeit" (Lateralität) und die „natürliche Schiefe" des Pferdes. Beide Faktoren bestimmen die Form und Belastung des Hufes sehr stark. Wir müssen daher unser Verständnis vom Huf und seiner Bearbeitung um diese Aspekte erweitern! Tun wir das, sind wir auf einmal in der Lage, weitere Informationen über die aktuelle Lebenssituation des Pferdes aus dem Huf zu lesen:

– Wie gut sind Fütterung und Haltung?
– Wie gut sind mein Training und meine Reitweise?
– Wie gut ist die mentale Stabilität meines Pferdes?
– Wie hoch ist das Stresslevel meines Pferdes?

Stress ist für Fluchttiere ein maßgeblicher Faktor, der das Verhalten bestimmt.

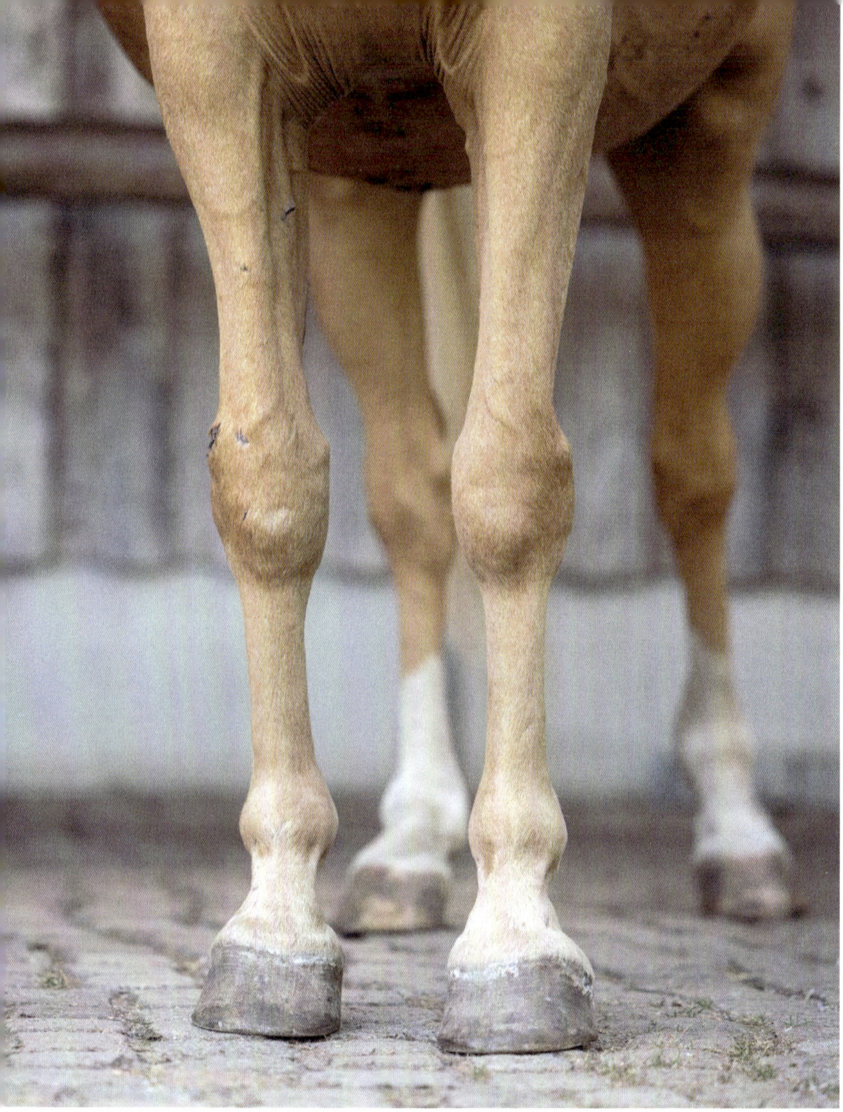

Ungleich belastete Hufe auf der Vorhand sind häufig ein Hinweis für Unsicherheit und Stress.

SCHIEFE PFERDE – SCHIEFE HUFE

Zuerst müssen wir klären, was es bedeutet, wenn wir von „einseitigen und schiefen Pferden“ sprechen. Es gibt drei große Faktoren, die Pferden und damit auch ihren Hufen eine Schiefe und Einseitigkeit geben. Dazu gehören die morphologische und sensorische Einseitigkeit und die natürliche Schiefe des Pferdes. Diese Faktoren können alleine oder in Kombination die Hufsituation direkt beeinflussen.

Morphologische Einseitigkeit (Händigkeit)

Die meisten Menschen sind von Natur aus Rechtshänder. Das ist bei Pferden anders. Beobachtungen an Wildpferden haben gezeigt, dass es bei ihnen gleichermaßen viele Links- wie Rechtshänder gibt. Auffällig ist, dass Pferde in menschlicher Haltung eine verstärkte Linkshändigkeit entwickeln. Gleichzeitig konnte herausgefunden werden, dass Stress Pferde linkshändig macht.

Das Pferd nutzt die linken Sinnesorgane wie Auge oder Ohr, um unbekannte Objekte zu analysieren. Diese Information wird in der rechten Gehirnhälfte verarbeitet.

Sensorische Einseitigkeit

Wir Menschen erfassen die Umwelt fokussierter, durch eine frontal orientierte Anordnung unserer Sinnesorgane (bspw. Augen oder Nase). Die Sinnesorgane des Pferdes sind durch ihre Position an den Rändern beziehungsweise Seiten des Kopfes stärker auf eine „Rundum-Beobachtung“ der Umgebung angelegt. Ergibt sich für ein Pferd eine unbekannte und neue Situation, erfolgt die Analyse oder Annäherung deshalb nicht frontal wie bei uns, sondern unter Vorzug einer bestimmten Kopf- und Körperseite. Pferde betrachten und analysieren unbekannte Objekte oder Situationen verstärkt mit ihren linken Sinnesorganen und gehen deshalb mit ihrer linken Körperseite voran. Das wird als sensorische Einseitigkeit bezeichnet.

Einseitigkeit beim Fluchttier

Als Flucht- und Beutetier muss das Pferd schnell entscheiden, ob eine Situation eine Gefahr darstellt. Diese Entscheidung trifft es mit der rechten Gehirnhälfte. Die rechte Gehirnhälfte ist für emotionales, instinktives Verhalten zuständig, während die linke Gehirnhälfte für das Analysieren und Nachdenken zuständig ist. Die Entscheidung zur Flucht ist eine schnelle, instinktive und emotionale Entscheidung. Die Gehirnhälften des Pferdes arbeiten dabei über Kreuz mit seinem Körper. Die linke Körperseite, inklusive der Vorhand und der Augen, ist mit der rechten Gehirnhälfte verbunden und die rechte Körperseite ist mit der linken Gehirnhälfte verbunden. Trifft das Pferd mit seiner rechten Gehirnhälfte die Entscheidung zu fliehen, stellt es dabei seine linke Vorhand stärker unter den Körper, um damit die Fluchtrichtung nach rechts zu erleichtern. Sobald das Pferd weit genug von der Gefahr geflüchtet ist und wieder ins Denken kommt, bleibt es stehen und analysiert mit seiner linken Gehirnhälfte die Situation. Wenn Pferde im alltäglichen Umgang mit uns unsicher sind, behalten sie uns deshalb bevorzugt im Bereich ihres linken Auges und begegnen uns mit ihrer linken Körperseite.

Die natürliche Schiefe

Menschen haben einen „kurzen Körper“ und tragen ihre Körpermasse durch den aufrechten Gang auf einer kleinen Fläche. Das Pferd hat einen langen Körper und trägt sein Körpergewicht auf seiner Vor- und Hinterhand verteilt, die räumlich getrennt voneinander positioniert sind. Dazwischen spannt sich die Wirbelsäule auf. Wenn du hinter deinem Pferd stehst und dir seinen Körper von oben anschaust, kannst du erkennen, dass er nicht gerade ist. Er ist mehr auf eine Seite gebogen, was du gut am Verlauf der Wirbelsäule erkennen kannst. Auch die Muskulatur ist nicht gleich ausgebildet. Der Körper des Pferdes ist also zwischen der Hinterhand, der Vorhand und dem Kopf nicht gerade in die Länge gestreckt, sondern leicht schief. Das wird als „natürliche Schiefe“ des Pferdes bezeichnet.

MERKE

Die sensorische Einseitigkeit verstärkt sich bei gestressten Pferden und das lässt sich an den Hufformen ablesen!

Fluchtimpuls: Die rechte Vorhand wird wegführend nach außen gesetzt.

Ursachen für die natürliche Schiefe

Diskutiert werden verschiedene Faktoren, die als Ursache infrage kommen. Ein wichtiger Faktor ist der Blinddarm. Der Blinddarm liegt auf der rechten Körperseite des Pferdes. Das Pferd nimmt eine Nahrung zu sich, die zuerst verdaut werden muss, um die Nährstoffe darin verwerten zu können. Insbesondere die Zellulose, als Hauptbestandteil vieler Gräser und Kräuter, muss erst in kleinere Bausteine zerlegt werden, bevor das Pferd sie verwerten kann.
Das geschieht im Blinddarm. Mikroorganismen bauen dort die Zellulose ab, wandeln sie in Fettsäuren um und stellen diese dem Pferd zur Verfügung. Dieser Prozess benötigt Zeit und Raum. Die aufgenommene Nahrung verweilt deshalb für 12 bis 24 Stunden im Blinddarm. Dadurch entsteht auf der rechten Seite ein zusätzliches Körpergewicht von circa 30 kg. Bewegt sich das Pferd, pendelt der Bauch dadurch vermehrt nach rechts.

MERKE

Einseitigkeit und Schiefe kannst du auch am Gangbild deines Pferdes erkennen. Stelle dich hinter dein Pferd und betrachte sein Gangbild. Dabei kannst du erkennen, dass es den linken Hinterhuf tendenziell mehr unter den Körper führt. Der rechte Hinterhuf wird stärker in einer Rotation um den Bauch herumgeführt.

Vergrößerungsglas Huf

Weil jedes Pferd sein Gewicht individuell auf seinen Hufen trägt, können wir den Huf als Vergrößerungsglas betrachten, das uns zeigt, was zu seiner Form führt. Auch Einseitigkeit und Schiefe haben eine große Auswirkung auf den Huf. Sie beeinflussen seine Form und seine Belastung. Wenn Pferde schief und einseitig sind, können Hufe keine gleichmäßige Form und Belastung zeigen. Du kannst Folgendes an den Hufen ablesen:

- Ob dein Pferd Linkshänder oder Rechtshänder ist.
- Ob es durch die aktuelle Haltung oder Nutzung gestresst ist.
- Ob es mental stabil oder unsicher ist.
- Ob sein aktuelles Training gut ist.
- Ob die aktuelle Fütterung für dein Pferd angemessen und gesund ist.

Vorhand: Einseitigkeit und natürliche Schiefe

Pferde entwickeln auf der Vorhand als Folge von Einseitigkeit und natürli-

cher Schiefe oft eine schwache Ausprägung für High/Low-Hufe. In den meisten Fällen ist der linke Vorderhuf dabei etwas flacher und der rechte Vorderhuf etwas steiler.
Für die **linke Vorhand** ergibt sich:
– Die sensorische Einseitigkeit führt dazu, dass das Pferd den linken Vorderhuf emotional stabilisierend mehr unter seinen Körper setzt.
– Die natürliche Schiefe führt dazu, dass das Pferd die rechte Hinterhand mehr auf einem Bogen nach außen führt. Dadurch kann sie weniger diagonalen Schwung auf die linke Vorhand bringen. Hierdurch muss die linke Vorhand mehr stemmend arbeiten.
Der **linke Vorderhuf** wird dadurch:
– Leicht flacher, da er mehr belastet unter den Pferdekörper gesetzt wird.
– Breiter, wenn die Ausgangssituation ein eher regelmäßiger Huf ist.
– Stärker einseitig belastet oder stärker diagonal, wenn die Ausgangssituation ein einseitiger oder diagonaler Huf ist.
Auftretende Probleme können sein:
– Ungleichbelastung von Gelenken und Bändern, dadurch erhöhte Arthrosegefahr
– Überlastung von Fesselträger, Beugesehnen und Hufrollenapparat bei zu flachen Hufen
Für die **rechte Vorhand** ergibt sich:
– Die sensorische Einseitigkeit führt dazu, dass das Pferd die rechte Vorhand in der Bewegung oft leicht diagonal aus dem Körper herausführt.
– Die natürliche Schiefe führt dazu, dass die linke Hinterhand, da sie mehr unter den Körper geführt wird, mehr diagonalen Schwung auf die rechte Vorhand bringen kann. Dies unterstützt das stärker diagonale Herausführen der rechten Vorhand. Es entsteht eine stärkere diagonale Achse für das Pferd.
Der **rechte Vorderhuf** wird dadurch:
– Leicht steiler, da der Huf die Tendenz zeigt, mit dem äußeren Zehenbereich den Boden zuerst außerhalb der Körpermasse zu berühren, was ihn entlastet und zu einer Außenfußung führt.
Der **rechte Vorderhuf** wird dadurch:
– Flacher auf der Außenseite und steiler auf der Innenseite, wenn der Huf so weit nach außen geführt wird, dass er außerhalb der Körpermasse zuerst auffußt. Er hat mit der äußeren Zehe zuerst Bodenkontakt. Sobald der Huf aber belastet wird, wandert das Gewicht zur Körpermitte, wodurch die Innenseite mehr belastet und dadurch steiler wird.

Ein leichtes High/Low auf der Vorhand als Zeichen von Einseitigkeit.

MERKE

Dieses Hufbild muss nicht immer zu sehen sein, tritt aber häufig auf. Man schätzt, dass es etwa 70–80 % aller Pferde zeigen. Erkrankungen der Gliedmaße können das Hufbild beeinflussen und verändern.

Außenfußung: Der rechte Vorderhuf berührt auf der Außenseite zuerst den Boden. Dieses Fußungsmuster verstärkt sich mit zunehmender Einseitigkeit des Pferdes.

– Steiler auf der Außenseite und flacher auf der Innenseite, wenn der Huf weniger stark nach außen geführt wird, sodass der erste Berührungspunkt der äußeren Zehe mit dem Boden innerhalb der Körpermasse erfolgt.

Auftretende Probleme können sein:
– Ungleichbelastung der Gelenke, insbesondere des Huf- und Krongelenks.
– Überlastete innere Huf- und Trachtenwand, gegebenenfalls Strahlfäule.

Vorhand: High/Low als Indikator

Wenn du Erkrankungen und andere Faktoren als Ursache ausschließen kannst, gilt: Je stärker eine High/Low-Situation ausgeprägt ist, umso mehr zeigen dir die Hufe deines Pferdes an:
– Dass dein Pferd in seiner aktuellen Lebenssituation unsicher ist. Das kann durch die Haltung, die Nutzung oder den Umgang bedingt sein.
– Dass dein Pferd ein mental instabiler Typ ist.

MERKE

Zu flache Vorderhufe beeinträchtigen auch die Kaufunktion des Zungenbeins. Dies kann sich störend auf die Verdauung auswirken. Hierdurch kann die natürliche Schiefe verstärkt werden.

Auch die Lage des Fohlens im Mutterleib wird als Ursache für die natürliche Schiefe diskutiert.

Der rechte Hinterhuf wird verstärkt nach außen geführt.

MERKE

Nicht jedes Pferd zeigt dieses typische Hufbild auf der Hinterhand. Viele Erkrankungen oder Gliedmaßenstellungen können das Hufbild der natürlichen Schiefe überlagern. Bewegt sich ein Pferd beispielsweise aufgrund von Verdauungsproblemen so, dass das Gewicht mehr auf den Hufinnenseiten landet, kannst du dieses typische Bild nicht mehr direkt erkennen. Du kannst aber vermutlich die Tendenz zu mehr Einseitigkeit der linken Hinterhand und zu mehr Diagonalität der rechten Hinterhand sehen. Man schätzt, dass etwa 70 % der Pferde dieses Muster klarer zeigen.

Abhilfe: Du solltest die aktuelle Lebenssituation deines Pferdes hinterfragen und gegebenenfalls verändern.
– Überprüfe den stressfreien Zugang zu Futter, Wasser und Ruhemöglichkeiten.
– Verringere Faktoren, die Stress, Unbehagen und Angst hervorrufen.
– Überprüfe dein Training.
– Stärke dein Pferd mental durch Gelassenheitstraining.

Hinterhand: Einseitigkeit und natürliche Schiefe

Die natürliche Schiefe entsteht durch den Verdauungsprozess im Blinddarm. Sie führt dazu, dass der linke Hinterhuf stärker stabilisierend unter den Körper gesetzt wird. Dadurch zeigt er eine stärkere, einseitige Belastung. Der rechte Hinterhuf wird aus einer oft einseitigen Belastung um den heraus pendelnden Bauch in einem Bogen geführt.

Hinterhand: Einseitigkeit und Diagonalität als Indikator

Die natürliche Schiefe gibt den Hinterhufen folgende Tendenz:
– Der linke Hinterhuf wird dadurch mehr einseitig belastet.
– Der rechte Hinterhuf wird dadurch mehr einseitig oder diagonal belastet.
Probleme, die auftreten können, sind:
– Erhöhte Gefahr von Spat (Arthrose des Sprunggelenks) auf der linken Hinterhand.
– Erhöhte Gefahr von Knieproblemen auf der rechten Hinterhand.
Eine leichte Einseitigkeit und Diagonalität ist nicht bedenkenswert und entspricht der natürlichen Schiefe des Pferdes.
Aber: Je einseitiger der linke Hinterhuf und je einseitiger oder diagonaler der rechte Hinterhuf ist, desto mehr kannst du auf Verdauungsprobleme oder Erkrankungen der Hinterhand deines Pferdes schließen.

Mit dem richtigen Trainingsplan kannst du dein Pferd mental stärken

GUTE HUFE – MENTALE STÄRKE

Du weißt jetzt, dass Stress bei Pferden verstärkt zu Linkshändigkeit führt. Daraus ergeben sich typische Hufsituationen. An den Hufen deines Pferdes kannst du nun ablesen, ob die Haltung und das Training für dein Pferd ideal sind. Dein Pferd ist mental stark und wenig unsicher, wenn seine Hufe:

– kaum oder kein „High/Low" zeigen
– eine eher regelmäßige Form und Struktur zeigen.

Herausforderungen für das neue Hufverständnis

Es ist also nicht mehr zeitgemäß:

– Den Huf nur eindimensional aus seiner eigenen Struktur heraus zu betrachten.
– Den Huf nur zweidimensional in Verbindung mit Anatomie und Biomechanik zu betrachten.

Die dritte Dimension

Für das neue und bessere Verständnis von Hufen benötigen wir eine dritte Dimension. Diese dritte Dimension ist der Einfluss von Einseitigkeit, Natürlicher Schiefe und Psyche des Pferdes auf den Zustand seiner Hufe. Hier sind viele Fragen noch nicht abschließend geklärt. Unser Appell geht an die Wissenschaft und die moderne Hufbearbeitung, die Betrachtung und die Beurteilung der Hufe um diese dritte Dimension zu erweitern! Warum dies notwendig ist, können dir folgende Beispiele verdeutlichen:

Fall 1: Das Pferd hat unter dem Einfluss von Unsicherheit High/Low-

Hufe auf der Vorhand entwickelt. Diese Hufsituation entspricht seiner aktuellen, mentalen Stabilität beziehungsweise Instabilität.
Frage: Wie weit sollten wir durch Hufbearbeitung die Hufe künstlich auf eine Höhe, einen einheitlichen Hufwinkel anpassen, ohne dabei das Pferd mental zu irritieren? Wenn die aktuelle Hufsituation seine mentale Situation widerspiegelt, wäre es nicht sinnvoller, auch eine Reduzierung seines Stresslevels durch entsprechende Trainingsmethoden, einen emphatischen Umgang und passende Haltung anzustreben? Was passiert, wenn wir die Hufe zu sehr anpassen und das Pferd zwingen, den emotional stabilisierenden linken Huf weniger zu nutzen?
Fall 2: Ein Pferd setzt die linke Hinterhand aufgrund seiner natürlichen Schiefe stärker unter die Körpermitte. Der linke Hinterhuf entwickelt dadurch eine einseitige Belastung. Die äußere Hufwand ist kürzer und steiler, die innere Hufwand ist länger und flacher.
Frage: Dürfen wir den linken Hinterhuf in seiner Wandstruktur auf gleiche Länge kürzen? Führt ein Huf mit gleich langen Wänden und Trachten, der nicht der aktuellen Gliedmaßenführung und -positionierung entspricht, zu mehr Instabilität unter der Körpermitte? Verändern wir damit die Stabilität und Stärke des Schubs auf die rechte Vorhand? Wie viel Einseitigkeit müssen wir dem linken Hinterhuf belassen? Wäre es nicht sinnvoller, zuerst die Haltung beziehungsweise Fütterung des Pferdes zu verbessern?

Die Aufgabe

Wir als Autoren dieses Buches stellen uns diese Fragen und fordern eine Weiterentwicklung der bisher gängigen Bearbeitungspraxis! Dies sollte in Verbindung mit wissenschaftlichen Untersuchungen geschehen. Gelingt uns das, können wir Hufe künftig dreidimensional beurteilen und bearbeiten!

Wir freuen uns, gemeinsam mit dir neue Wege zu gehen.

SERVICE

NÜTZLICHE ADRESSEN

LTZ – Lehrinstitut Zanger
Dr. Michael Zanger
Martin-Luther-Straße 2
64683 Einhausen
Tel. +49 (0) 151 / 14 95 25 25
E-Mail: info@zanger-pferd.de (für Kursanfragen)
www.ltz-akademie.de

DHV – Deutscher Hufpflege & Huftechnik Verband e. V.
Martin-Luther-Straße 2
D-64683 Einhausen
www.hufpflege-verband.de

SHV – Schweizerischer Hufpflege Verband
Landstraße 2a
CH-5524 Nesselnbach
E-Mail: info@hufpflege-verband.ch
www.hufpflege-verband.ch

FN – Deutsche Reiterliche Vereinigung
Freiherr-von-Langen-Str. 13
D-48231 Warendorf
Tel. +49-(0)2581-63620
E-Mail: fn@fn-dokr.de
www.pferd-aktuell.de

VFD – Vereinigung der Freizeitreiter und -fahrer in Deutschland
Christiane Ferderer
Zur Poggenmühle 22
D-27239 Twistringen
Tel. +49-(0)4243-942404
E-Mail: bundesgeschaeftsstelle@vfdnet.de
oder vfd@vfdnet.de
www.vfdnet.de

OEPS – Österreichischer Pferdesportverband
Geiselbergstraße 26 – 32/Top 512
A-1110 Wien
Tel. +43-(0)1-7499261
E-Mail: office@oeps.at
www.oeps.at

SVPS – Schweizerischer Verband für Pferdesport
Papiermühlestr. 40 H
Postfach 726
CH-3000 Bern 22
Tel. +41-(0)31-3354343
E-Mail: info@fnch.ch
www.fnch.ch

DANKE!

Die Fotos dieses Buches sind auf dem Pferdehof Natur und Form von Franziska Schlitner und Martin Müller entstanden. Fast alle Tiere des Hofes stammen aus schwierigen oder tierschutzrelevanten Haltungsbedingungen, für die Tierpatenschaften übernommen werden können. Mehr Infos unter lebenshof-birkenweiler.de.

Wir danken Tessa Schönwetter, dass wir bei ihr auf dem Hof die Fotos für den Steckbrief machen konnten.

Melanie Bischof danken wir für die vielen tollen Grafiken.

Wir bedanken uns bei Ilka Zanger und Uwe Pries für das Lektorat.

ZUM WEITERLESEN

Bender, Ingolf, **Pferdehaltung und Fütterung**, Haltung optimal planen und verwirklichen, Fütterungsgrundlagen verstehen und umsetzen; KOSMOS 2022
Ein Muss für alle Reiter und Pferdehalter: Das Standardwerk von Ingolf Bender beantwortet sämtliche Fragen der modernen Haltung und Fütterung – von der Pferdekunde über die verschiedenen Haltungssysteme bis zur Rationsberechnung des Futters. Präzise, leicht verständlich und wissenschaftlich kompetent erklärt mit gut umsetzbaren Tipps für die Praxis.

Draaisma, Rachaël, **Calming Signals,** Beschwichtigungssignale – Verstehen, was Pferde bewegt, KOSMOS 2025
Calming Signals – Beschwichtigungssignale – sind für Tiere, die von Natur aus in Gruppen leben, besonders wichtig. Neueste Erkenntnisse zeigen: Auch Pferde nutzen diese Signale, um ihre Emotionen sowie ihr Stressniveau mitzuteilen und Konflikte zu vermeiden. In diesem praktischen Buch zeigt Hunde- und Pferdetrainerin Rachaël Draaisma, wie Pferdehalter diese Signale bei ihrem Tier erkennen, sie deuten und damit umgehen können.

Gösmeier, Dr. med. vet. Ina, **Akupressur für Pferde**, Wirkung und Anwendung; KOSMOS 2016
Akupressur wirkt nach denselben Kriterien wie die Akupunktur, ist aber auch für medizinische Laien zu erlernen und anzuwenden. Die sanfte Heilmethode dient der Gesunderhaltung des Pferdes, wirkt bei leichten Erkrankungen und hilft bei alltäglichen Problemen wie Ängstlichkeit oder Muskelverspannungen. Auch als E-Book erhältlich.

Higgins, Gillian, **Anatomie, Gymnastizierung, Muskelaufbau**, Die besten Übungen am Boden; KOSMOS 2017
Die Erfolgsautorin beschreibt auf ihre gewohnt anschauliche Art die besten Boden-Übungen zur Gymnastizierung und zum Muskelaufbau des Pferdes. So bleibt der Pferderücken gesund und locker. Mit klar strukturiertem Seitenaufbau, prägnanten Texten und Fotos zu jedem Übungsschritt. Extra: Anatomische Übersichten von Skelett und Muskulatur. Das Plus zum Buch: Die kostenlose KOSMOS-PLUS-App mit Filmen zu ausgewählten Übungen. Auch als E-Book erhältlich.

Higgins, Gillian, **Anatomie verstehen – besser reiten**, Bewegungsabläufe und Biomechanik sichtbar gemacht; KOSMOS 2019
Welche Belastung tragen die Gelenke in der Trabverstärkung? Warum ist es für die Wirbelsäule so wichtig, dass das Pferd über den Rücken läuft? In diesem Buch werden die Bewegungsabläufe des Pferdes beim Reiten sichtbar. Die Muskeln und Knochen sind direkt auf das Pferd gemalt. Durch diese einzigartig anschauliche Darstellung werden die Bewegungen aus anatomischer Sicht verständlich und nachvollziehbar.

Jones, Janet, **Horse Brain Human Brain**, Erkenntnisse aus der Neurowissenschaft – Wie Pferd und Mensch denken, fühlen, handeln; KOSMOS 2022
Das Gehirn steuert das Verhalten – beim Pferd ebenso wie beim Menschen. Die Neurowissenschaftlerin und erfolgreiche Trainerin Janet Jones erklärt leicht verständlich die Gemeinsamkeiten und Unterschiede zwischen den Gehirnen von Mensch und Pferd und zeigt, wie man dieses Wissen anwendet, um Ausbildung, Training und Umgang effizient und lösungsorientiert zu gestalten.

Katzenberger-Schmelcher, Dr. Ruth / Katzenberger, Yvonne, **Mehr Körpergefühl für mein Pferd**, Ergotherapie im Pferdetraining; KOSMOS 2020

Wenn Pferde ein auffälliges Verhalten zeigen, wird als Grund meist Ungehorsam oder unpassende Ausrüstung angenommen. Dabei liegen die Ursachen oft bei den drei Basissinnen des Pferdes: Tast-/Berührungssinn, Gleichgewichtssinn oder die Tiefenwahrnehmung sind gestört. Hier setzt die Pferdeergotherapie mit Übungen und sinnvollem Training an. Sie bietet praktische Hilfestellungen und verbessert die Körperwahrnehmung – eine Wohltat für jedes Pferd.

Krüger, Konstanze / Marr, Isabell, **Forschung trifft Pferd**, Neuste Erkenntnisse für ein besseres Verständnis; KOSMOS 2022
Schluss mit Pferde-Mythen! Prof. Dr. Konstanze Krüger und Dr. Isabell Marr stellen die aktuellen Erkenntnisse der Verhaltensforschung vor und zeigen, wie sich dieses Wissen bei Ausbildung und Training sowie im täglichen Umgang nutzen lässt. Ein Standardwerk auf dem neuesten Stand der Wissenschaft.

Krüger, Konstanze / Marr, Isabell / Farmer, Kate, **Lateralität bei Pferden**, Was körperliche Schiefe, motorische Händigkeit und sensorische Lateralität bedeuten und wie Pferde in Balance kommen; KOSMOS 2024
Dieses Praxishandbuch erklärt leicht verständlich, wie anhand der Schiefe sowie der motorischen und sensorischen Lateralität herausgefunden werden kann, ob sich Pferde im Stall und im Training wohlfühlen. Es gibt Pferdehaltern wertvolle und leicht umsetzbare Tools, um die Lateralität des Pferdes zu erkennen, zu verstehen und im Training zu berücksichtigen. In diesem Buch werden Theorie und Praxis verknüpft, um das Pferd in einfachen Schritten zu testen und es in Balance zu bringen.

Masterson, Jim, mit Reinhold, Stefanie, **Körperarbeit für Pferde**, Locker, entspannt, gelöst mit der Masterson-Methode; Edition WuWei bei KOSMOS 2018
Jim Masterson löst mit seiner Art der Körperarbeit und Massage tiefe Verspannungen beim Pferd und bringt es in einen ganzheitlich entspannten Zustand. In vielen Detailaufnahmen werden die einzelnen Handgriffe und speziellen Anwendungsgebiete gezeigt, so dass jeder Reiter sein Pferd individuell behandeln kann. So lockern sich körperliche und seelische Spannungen, und als zusätzlicher positiver Nebeneffekt vertieft sich die Beziehung des Menschen zu seinem Pferd.

Obst, Katrin, **Fitnessstudio für mein Pferd**; KOSMOS 2018
Faszientraining, Muskelaufbau, Balance und Koordination – mit diesem umfassenden und abwechslungsreichen Physioprogramm für Pferde gelingt es, Verspannungen, Rückenleiden und

anderen Beschwerden gezielt vorzubeugen. Das Ganzkörpertraining der erfahrenen Pferde-Physiotherapeutin Katrin Obst stärkt die Tiefenmuskulatur, verbessert die Beweglichkeit und hilft, Blockaden und Muskelprobleme zu vermeiden. Alle Übungen und Parcours werden detailliert beschrieben, sodass das Training auch ohne professionelle Assistenz durchgeführt werden kann.

Schleese, Jochen, **The Silent Killer**, Sattelanpassung nur für den Moment?!; Edition WuWei bei KOSMOS 2017
Ob der Sattel noch richtig zum Pferd passt, sollte immer wieder überprüft werden. Hier lernen Reiter, woran man einen guten Sattler erkennt und wie man selbst beurteilen kann, ob der Sattel noch richtig passt.

Schulte Wien, Beatrix / Keller, Irina, **Osteopathie für Pferde**, Wissen, Spüren, Behandeln; KOSMOS 2023
Bewegungsprobleme beim Pferd werden oft nicht erkannt oder falsch beurteilt und können schnell zu dauerhaften Schäden führen. Deutschlands bekannteste Pferde-Osteotherapeutin Beatrix Schulte-Wien zeigt in ihrem Buch, wie man sein Pferd mithilfe der Osteopathie gesund und leistungsfähig erhalten kann. Wichtig sind auch Aspekte wie der passende Sattel oder der Einfluss von Narben. Extra: Akupressur und Schröpfen.

Schulte Wien, Beatrix / Keller, Irina, **Praxisbuch Physiogriffe für Pferde**, Selbst Verspannungen lösen und Wohlbefinden steigern; KOSMOS 2024
Beatrix Schulte Wien, die bekannte Expertin für Pferde-Osteopathie, und Physio- und Osteotherapeutin Irina Keller erklären in diesem Ratgeber, wie Pferdehalter mit einfachen Handgriffen die Muskeln und Faszien ihres Pferdes lösen und entspannen können. Das ist Wellness für das Pferd, steigert sein Wohlbefinden, trägt zur Gesunderhaltung bei und löst nebenbei auch so manches Rittigkeitsproblem. Fallbeispiele zeigen anschaulich, welche Anwendungen z. B. bei Genick- oder Rückenproblemen die beste Wirkung haben.

Tellington-Jones, Linda: **Vertrauen stärken mit Tellington Training**; KOSMOS 2023
Das Praxisbuch der berühmten Pferdetrainerin Linda Tellington-Jones ist der perfekte Einstieg in die erfolgreiche Therapieform und das partnerschaftliche Training mit dem Pferd. Detailgenaue Schritt-für-Schritt-Anleitungen machen es leicht, TTouches und die Bodenarbeit kennenzulernen und mit dem eigenen Pferd auszuprobieren. Körperarbeit und Ausbildung fördern die Leistungsbereitschaft beim Pferd und die Tiere sind ausgeglichener und gesünder.

Wendt, Marlitt: **Resilienz bei Pferden**, Wie Pferde Vertrauen und Gelassenheit finden; KOSMOS 2025
„Resilienz bedeutet die Freiheit, wählen zu können, wie auf die Umwelt reagiert wird." Unter diesem Motto stellt Verhaltensbiologin Marlitt Wendt wichtige Grundlagen zur Resilienzforschung dar und zeigt den Einfluss auf Pferdehaltung und -umgang im Alltag. Neben Tipps aus neusten wissenschaftlichen Erkenntnissen gibt sie außerdem praktische Ideen an die Hand, wie Pferdehalter Angst, Unsicherheit und dem Fluchtinstinkt ihrer Tiere begegnen können.

Zanger, Dr. Michael / Kabus, Kerstin: **Hufe lesen**, Form, Funktion und Gesundheit erkennen, Huf-Kompetenz für Reiter und Besitzer; KOSMOS 2024
So individuell wie jedes Pferd sind auch seine Hufe. Sie verraten uns viel über Haltung, Gesundheit und Verhalten des Pferdes. Kompetent und leicht verständlich erklären die Huf-Experten Dr. Michael Zanger und Kerstin Kabus in diesem Buch ihr einzigartiges Konzept des Hufe-Lesens und geben wertvolle Tipps zur Verbesserung der Hufform.

REGISTER

BILDNACHWEIS

Mit 4 Farbfotos von Horst Streitferdt/KOSMOS (Seite 70, 71, 73, 113), 19 Farbfotos von Michael Zanger (Seite 41, 79 u., 83 o., 83 Mitte, 111, 126, 134, 135, 136, 137, 138). Alle weiteren Farbfotos wurden von Anna Auerbach/KOSMOS fotografiert.

Mit 5 Farbillustrationen von Cornelia Koller (Seite 14, 15, 17, 18 o.). Alle weiteren Farbillustrationen wurden von Melanie Bischof angefertigt.

IMPRESSUM

Umschlaggestaltung von GRAMISCI Editorialdesign / Isabelle Fischer, München unter Verwendung von 8 Farbfotos von Anna Auerbach / KOSMOS und Wilfried Wittmann (Porträt Kerstin Kabus).

Mit 196 Farbfotos und 29 Illustrationen.

Gedruckt auf chlorfrei gebleichtem Papier

ISBN 978-3-440-18409-7
Redaktion: Gudrun Braun
Gestaltungskonzept: GRAMISCI Editorialdesign / Cornelia Sekulin
Gestaltung und Satz: Atelier Krohmer, Dettingen/Erms
Produktion: Claudia Frank
Druck und Bindung: Westermann Druck Zwickau GmbH, Zwickau
Printed in Germany / Imprimé en Allemagne

FSC
www.fsc.org
MIX
Papier | Fördert gute Waldnutzung
FSC® C110508